風土が培うタネの物語

しずおかの在来作物

プロジェクトZ・在来の味を愉しむ会編

風土が培うタネの物語

しずおかの
在来作物

プロジェクトZ・在来の味を愉しむ会編

まえがき　風景を味わう　在来作物の魅力

「何なんだ、このおいしさは！」私が静岡県の在来作物に出会ったのは、ある農家の縁側でお昼ご飯をいただいたときのことでした。それは、飽食の時代を生きてきたはずの私が、今まで味わったことのない深くて複雑な味わいだったのです。それが、昔から伝わる在来野菜で作られた料理でした。このときの驚きと感動が、私がその後在来作物の調査を始める原動力となりました。在来作物とは、品種改良された現代の作物と異なり、昔からその土地で守り伝えられてきた作物を言います。

「在来作物はどんな味がするのですか？」とよく聞かれます。この質問に答えることは、なかなか難しいことです。料理人たちは、「在来作物は味の数が多い」と表現します。複雑で奥行きのある味わいは、とても一言では言い表せないのです。

「在来作物はおいしいのですか？」という質問もあります。現在の作物の味は、洗練されていてシンプルです。在来作物の味はけっして洗練されているとは言えませんが、品種改良された作物が失ってしまったような味や香りが魅力です。けっしてエリートではないけれど、在野に生きる個性派集団。それが在来作物なのです。

　私は当初、東京と名古屋という大都市圏に挟まれて、東西の往来が盛んな静岡県は、独自の在来作物は少ないのではないか、と予想していました。ところが、実際に調べてみると、これまで七〇品目二二〇種以上の在来作物が見つかっています。東西に長くさまざまな地形を持ち、山あり海ありという豊かな自然に恵まれた静岡県では、その土地土地で、豊かな食文化と在来作物が守り育てられていたのです。ただし、在来作物の中には、たった一軒しか栽培していないものもあります。ほんの数株しか作られていないものもあります。在来作物の多くは収量が少なく、大量生産には向きません。農業の効率化が求められる中で、在来作物の多くは失われていったのです。しかし今、在来作物のもつ個性ある味わいが注目されています。

「在来作物を食べることは、風景を食すことに似ている」という人がいます。

在来作物はその土地の気候風土の中で育まれてきました。そのため、その土地ごとに味が異なります。また、在来作物は、その種を継いでいく人がいて、初めて守り伝えられます。人々の暮らしの中で育まれた在来作物は、その土地の歴史や祭り、食文化と密接に関係しています。伝統農法や伝統料理の中で守られているものも少なくありません。在来作物は「効率化できない豊かさ」を私たちに教えてくれるのです。

風土の中で創られる風景、そしてその風景の中で培われる風味。本書では、そんな風景と風味に秘められた在来作物を巡る人と種の物語を紹介します。どうぞ、ゆっくりと味わってみてください。

プロジェクトZ・在来の味を愉しむ会　代表　稲垣栄洋

静岡県の在来作物の特徴

静岡県で生産される農作物は、主な生産品目だけで一六七品目があるといわれています。これは、全国の中でも多い数です。伊豆地域、東部地域、中部地域、西部地域と東西に長く、また南アルプスや富士山など標高の高い山間地から、平野部、海岸部を持つ静岡県は、地形の起伏や気候が多様なため、豊かな風土の中でさまざまな農業が発達をしているのです。

静岡県の在来作物は現在わかっているだけで二二〇種以上があります。多様な風土の中で育まれる在来作物もまた、非常に多様で、種類が多いことが静岡県の特徴です。

その種類にも特徴があります。

温暖な静岡県では、暖地性の作物が冬を越しやすい特徴があります。そのためニラ、コンニャク、サトイモ、ショウガ、ラッキョウなどの暖地性の作物の在来種は県内各地で広く見られます。これらの作物は多年生なので、毎年種採りをしなくても、畑の隅で株が残りやすいことも、在来種が多い理由の一つです。また、静岡の特産であるチャや、柑橘類にも在来種が多く残っています。

一方、静岡県は、冬の間も野菜がとれるため、北国に比べて漬物をたくさん漬けることがありません。そのため、冬の間、青物で食べる菜っ葉類の在来種はありますが、全国の他府県と比べるとカブやダイコンなどの在来種があまり残っていません。

お茶やイチゴ、メロン、ワサビに代表されるような静岡の農産物は「農芸品」と表現されます。古くから交流の多い東海道に位置し、東京や名古屋の大都市が近い静岡県では、商品性の高い特徴ある農産物を選び、高品質に仕立てて出荷する農業が先進的に行われてきました。そのため、その個性が見出されて特産品として広く栽培されている在来作物も多くあります。県の特産品として栽培されている松崎の桜葉、小山・御殿場の水掛け菜、自然薯、次郎柿、海老芋、温室メロンなども在来作物のカテゴリーに含まれるような戦前から栽培されている古い品種です。

また、全国的に茶の主要品種である「やぶきた」は、改良された品種ではなく、在来茶から栽培された在来品種です。全国的に在来作物の絶滅が問題になっている中で、茶の世界を席巻している「やぶきた」は、まさに、もっとも成功している在来種と言えるかも知れません。

このように静岡県には、昔ながらの在来作物が多く残り、一方で一部の在来作物は、近代化された農業の中でも大活躍しています。静岡県は、知られざる在来作物の王国なのです。

もくじ

井川《いかわ》おらんど／ジャガイモ（静岡市葵区）

静岡のB級グルメと言えば、「しぞーかおでん」ですが、おでん通の間では、静岡市の山間地井川のおでんが美味しいと言われていました。

そのおでんに使われていたジャガイモが、古くから井川の地で栽培されていた在来のジャガイモ「おらんど」です。おでんに入れるとおいしいので、地元では「おでんいも」という別名もあります。「おらんど」という名前は、オランダに由来しています。

ジャガイモは江戸時代の初めにオランダから日本に伝えられました。

ちなみにジャガイモはもともと「ジャガタラ芋」と言いました。ジャガタラというのは、現在のインドネシアのジャカルタです。ジャカルタに寄港した船が日本にやってきたので、ジャガタラ芋と呼ばれたのです。

大航海時代の船乗りたちは食糧として船にジャガイモを積んでいました。ジャガイモは日持ちが良く、でんぷん質が豊富です。また、ビタミン類が豊富なので、船員がビタミン不足で壊血病や脚気などの病気になるのを防いだのです。

おそらく船に積まれていたジャガイモが日本に伝わったと考えられています。

ところが、このときに伝わったジャガイモは、日本に定着しませんでした。ジャガイモは、同じ頃に日本に伝わったサツマイモやカボチャに比べると甘味が少なく味が淡白です。ジャガイモが日本人

に受け入れられたのは、肉食が始まり、肉じゃがやカレーライスが普及した明治以降のことなのです。
しかし、山間地では、それ以前からやせた土地でも育つジャガイモが栽培されていました。その一つが井川おらんどだと考えられます。またジャガイモはアンデスの高地が原産地の作物です。そのため、標高の高い山間地が栽培に適していたのかも知れません。
井川地区でいつ頃からジャガイモが栽培されていたのかは明らかではありません。しかし、井川から伝わったとされる長野県飯田市の下栗芋は江戸時代中期の一八世紀後半に静岡の井川から伝わったとされていますので、少なくともそれ以前から井川では栽培されていたと推察されます。昔は焼き畑で栽培されたこともあったそうです。
井川おらんどは、皮の赤い赤芋、皮の白い白芋、皮の紫色の紫芋の三種類があり、そのなかにもいく

つかの系統があることが明らかとなっています。これまでの調査では、少なくとも五系統があることがわかっています。

井川おらんどは、普通のジャガイモに比べると小さく味が濃いのが特徴です。小さいものは「めんご」と呼ばれ、特に味が良いとされています。めんごは、甘く煮て煮っ転がしなどにして食べます。

井川おらんどは、肉質が締まって固いので、煮崩れしません。地元ではゆでたものを炭火で丸焼きにしてニンニク味噌や山椒味噌などをつけた田楽にして食べます。じつは、この味噌に使われるニンニクも在来種（44ページ）です。

最近では、井川おらんどを使った「おらんどカレー」も地元の新しい名物になりつつあります。

コラム　絶滅の危機を逃れた井川の白芋

静岡の在来作物は、たった一人で守り育てられているものも少なくありません。静岡市井川では数軒の家が在来のジャガイモを栽培していましたが、静岡大学農学部で調査したところ、それぞれの家で栽培しているジャガイモは、すべて違う系統であることがわかりました。長い間、その家の流儀で種芋の選抜が行われているうちに、品種改良が行われるように、それぞれの系統に分化したのかもしれません。そして、一つの系統は、わずか一軒の農家によって守られていたのです。

ある時そのうちの一軒で、「白芋」という在来ジャガイモを守り育てていたおばあさんが亡くなってしまったのです。実は、県内の各地で古くから「亡くなった方のいる家の種イモは使わない」という縁起担ぎのタブーがあります。これはもともと神聖な作物であるサトイモでいわれていることですが、これがジャガイモについても同じように言われているのです。そのため、この在来ジャガイモを栽培できる人はいなくなってしまいました。そこで静岡大学農学部フィールドセンターでは、里親として、その種イモを引き継ぎ、増殖を行いました。こうして増やした種イモを井川に返したのです。

このように一軒しか栽培していない在来作物は、簡単に消失してしまう危険性があります。

現在では、白芋は数軒の農家の手で守り育てられており、井川おらんどの主要な系統となっています。

水窪じゃがた／ジャガイモ（浜松市天竜区）

水窪出身の人は、ポテトサラダを作るときに、ジャガイモにサトイモを混ぜるそうです。水窪のジャガイモは肉質が密で粘りがあります。そのため、ふつうのジャガイモでは物足りないというのです。

水窪で古くから作られているジャガイモは、「じゃがた」と呼ばれます。

水窪には在来のジャガイモが、少なくとも四種類残っています。一般に「水窪じゃがた」と呼ばれる代表的な系統は、在来系統のなかで最も古いものとされ、江戸時代に入ってきたと思われます。白皮・白肉・赤紫花であり、芋の形は楕円形、肉質がしまっていて硬いことが特徴です。食味が良いため、最も多く残っています。紫色の芽を出すため、水窪の人は紫芽と呼んでいます。

赤皮・白肉・赤紫花が特徴の「赤じゃがた」もあります。貯蔵性がよいこの芋は、春先までしわがよらず、冬を越すと甘くなると言われています。肉質は「水窪じゃがた」と同様に硬くしまっていますが、味に少し癖があるため、好みが分かれるそうです。

「水窪じゃがた」より早く収穫できるのは、「早生じゃがた」です。この芋を植えることで、他人より早く収穫して、「もう、じゃがたを食べた」と自慢することが出来たようです。「水窪じゃがた」より少し大きめで、白芽が特徴のこの芋は、味の点ではやや劣りますが、収穫時期が早いため、栽培が続けられてきました。しかし、現在はほとんど栽培している人がなく、いつなくなってしまうか分かりません。味は「男爵」に近いと水窪の人は言います。この芋は未熟でも食べられ、エンドウがなる頃に汁の実にしているそうです。

最後は、芋の大きさが最も大きく、白芽が特徴の「ぶたじゃがた」です。食味が良くないため、現在ほとんど栽培されていないようです。白皮でしわがよらない良さがあり、カレーに入れるといいそうです。

ホクホク感がなく、ジャガイモと思えないほどかたい「水窪じゃがた」は、水はけのよい山の傾斜畑で栽培することで、よりしまった芋となります。茹でても形が崩れない、よくしまったものほど美味しいと水窪の人は言います。
茹でてから串に刺し、味噌だれをつけて囲炉裏で焼く「串芋」は、山の食事の代表です、小さくて捨ててしまいそうな芋は、「煮転がし」に

します。

地元では、じゃがたを「炭火でピーピー焼く」と言います。皮がかたいので、炭火で焼くとピーピーと音を立てるのです。水窪や佐久間では、こうして串に刺してピーピー焼いた「串芋」を、お茶請けやおやつとしてよく食べます。また、出雲に神様が集まる神無月には、カマドの神様を出雲に送るカマノコウという行事を行います。このカマノコウではじゃがたで串芋を作り、カマドの神様に供えました。

山間地では在来のジャガイモは冬の間、屋根裏に保存します。こうして、寒い間に少しずつ食べていくのです。水窪じゃがたは貯蔵しておくとしわになりやすく、皮ごと油で炒めてから煮ると、しわの間に味がしみ込み、懐かしいおかあさんの味となります。

春が近づくと屋根裏のジャガイモは芽を出し始めます。

私は以前にもらった「じゃがた」がたくさんの芽を出しているのでびっくりしました。ジャガイモは芽に毒があるので、芽が出ると食べられないと聞いていたからです。しかも芽が出ているくらいですから、ジャガイモもショボショボとしなびていて、とてもおいしそうには見えません。

ところが地元の方の話では、「じゃがた」は芽を出しているものが甘くておいしいと言います。芽を出した「じゃがた」は、料理する直前に芽の部分を取り除きます。一般にジャガイモは緑色の部分にソラニンという毒があります。ジャガイモが芽を出す頃には、芋も緑色になっています。この部分に毒があるのです。

ところが、真っ暗な屋根裏で保存された「じゃがた」の芽は、もやしのように真っ白です。もちろん、芋が緑色になるようなこともありません。

春が近づくと、ジャガイモは芽を成長させるために、栄養分として蓄えたでんぷんを分解してエネルギー源となる糖分にします。また、成長に必要なさまざまなアミノ酸を作りはじめます。これは発芽玄米と同じ原理です。芽が出たジャガイモが甘くておいしいというのは、そんな理由なのかも知れません。

そんな芽が出た「じゃがた」は水窪の農産物の直売所で売られています。

水窪ではジャガイモは春の訪れを感じさせてくれる野菜です。

ジャガイモの収穫は初夏ですが、もっとも美味しく食べられる時期が野菜の旬なのだとすれば、「じゃがた」の旬は、間違いなく春です。

コラム ジャガイモの連作を可能にする伝統農法

ジャガイモはナス科の野菜なので、同じ場所で連作をすることができません。しかし、不思議なことに水窪地区では、ジャガイモは同じ場所で連作して作ります。この連作を可能にしている理由の一つが「掘りごみ」や「掘りごめ」と呼ばれる伝統農法です。

掘りごみの作業は、山住神社のお祭りが行われる十一月頃に行われます。山間の集落では家周りのカイトと呼ばれる畑があり、猫の額ほどの広さで、斜度三〇度を超すところもあります。傾斜を少しでも緩やかにするために、石垣を組むなどして段々畑にしていますが、水平にならず、立っているのもやっとです。掘りごみは、まず下から引き上げるように土を三〇～六〇センチの深度で深く掘り、掘った溝の底に山で刈ったススキやワラビを埋めていきます。そして、溝の横の土をまた深く掘って、掘った土を天地返しで埋めていくのです。これを繰り返すことによって、土の深いところに草を敷いた層ができ、地面の下の土と上の土が入れ替わって、畑の表面の土はすべて新しくなります。そのため、毎年同じ土地でジャガイモを育てることができるのです。

山間地の限られた場所で、ジャガイモを育てる見事な農法です。

しかし、「掘りごみ」の秘密は、それだけではありません。水窪地域で山の斜面の畑を見ると、畝が縦方向に並んでいます。

ふつうは斜面に畝を立てるときには、等高線を描くように、斜面に対して横方向に畝を立てていき

現在も行われている伝統農法「堀りごみ」

ます。それなのに、どうして掘りごみでは畝を縦方向に立てていくのでしょうか。

掘りごみをした畝の深いところには、草の層があります。これは単なる肥料ではありません。草の層があると排水が良くなって、雨水が沁みこみやすくなります。沁みこんだ雨水はこの草の層を通って下へ流れていきます。そして、段々畑の石垣から雨水が下の畑に流れて、また下の畑の掘りごみの草の層を流れていきます。こうして雨水が土の中を流れていくのです。畑の表面を雨水が流れるのを防ぐことによって、急な山の斜面で大切な畑の土が流出するのを防ぐ効果があるのです。

掘りごみは、土が下に流れないように、下から上に土を運ぶように、鍬で溝を掘っていきます。つまり、山の斜面の上に立って下へ向かって鍬を振り下ろして、斜面の上へと土を上げていくのです。しかし、立っているほども大変なほどの急な山の斜面で、下に向かって鍬を振り下ろすのは、こわくてとても素人ではできません。

目を見張るようなこんなすごい伝統農法と培われた技術によって、在来のジャガイモは守られているのです。

静岡県の在来ジャガイモ／ジャガイモ（県内各地）

静岡県には、井川おらんどや、水窪じゃがた以外にも、さまざまな在来のジャガイモが見られます。静岡市を流れる安倍川筋の玉川地区には「玉川じゃがたら」があります。また、さらに上流の梅ケ島地区では「梅ケ島の地芋」と呼ばれる在来のジャガイモがあります。これらの在来ジャガイモは、身が締まっていて、いくら煮込んでも煮崩れしないことから、じっくり煮込むおでんに最適です。そのため、静岡市内のおでん屋さんでは、「しぞーかおでん」の具材として安倍川筋の山間地のジャガイモを使っていることもあるようです。

また、安倍川の支流にある大間の集落にも在来のジャガイモがあります。大間の縁側カフェでは、お茶請けとしてときどき小さなジャガイモの佃煮が出ますが、これも在来のジャガイモです。

また、在来のジャガイモは、山間地に多く残っていますが、掛川市には田植え前に裏作として田んぼで栽培したジャガイモも残っています。

遠州灘の在来芋／サツマイモ（御前崎市、掛川市）

御前崎市にある海福寺には、「いもじいさんの碑」と呼ばれる碑があります。

御前崎の地にサツマイモがもたらされたのは、江戸時代中期の明和三年（一七六六年）のことです。御前崎沖で薩摩の御用船である「豊徳丸」が座礁したときに、大澤権右衛門は避難者二十四名を救出しました。権右衛門は、薩摩藩からその謝礼として出された二十両もの大金を断り、三個のサツマイモを譲り受けたのです。

作物の栽培が難しい海岸地帯では、痩せた砂地でも育つサツマイモの栽培が広がり、貴重な食糧となりました。そして、ときには人々を飢えから救ったのです。

この功績から、大澤権右衛門は甘藷翁（いもじいさん）と称えられているのです。「芋姉ちゃん」というように、今では「芋」は、人を揶揄するときの言葉ですが、いもじいさんの「芋」は人々を救った英雄に冠された言葉だったのです。

この当時の芋が残っているかどうかは、わかりませんが、この地域では「在来」と呼ばれるサツマイモが今でも残っています。江戸時代から続く古い歴史の中でさまざまな系統のサツマイモが持ち込まれ、栽培が試みられました。そのため、多くの在来系統が混在しており、十分な整理はできません。

現在でも、遠州灘沿いの砂地地帯ではサツマイモが広く栽培されています。じつは、静岡県は、全国五位の生産量を誇るサツマイモの産地です。

泉一三号／サツマイモ（御前崎市ほか）

御前崎市では、切干芋のことを「きんりー」と言います。

御前崎市は、干し芋の発祥の地として知られています。干し芋が誕生したのは、文政七年（一八二四年）であると言われています。

サツマイモは、中米の熱帯原産の野菜です。そのため、冬の間、保存しておくことが困難でした。

そこで地元の栗林庄蔵が、芋を乾かして保存することを考えたのです。御前崎は、冬になると遠州のからっ風と呼ばれる強い北西の季節風が吹きます。そこで、最初は生のままスライスして遠州のからっ風で乾かしました。これは「白切り干し」と呼ばれています。そして庄蔵は、この白切り干しを臼でついて白い粉にし、餅を作りました。これを「お日和餅」と呼んではるばる江戸にまで売りに行ったのです。

やがて庄蔵は、芋を煮てからスライスして乾かす製法を考案します。これが現在の干し芋の原型です。

その後、明治時代になると次に、現在の磐田市の大庭林蔵と稲垣甚七が、芋を煮るのではなく、蒸してから干すことで大量に生産する方法を考案します。これが、現在の干し芋の製造方法なのです。

かつては静岡県は、干し芋の大産地でしたが、明治になって干し芋の製造方法が茨城に伝わると、茨城県の名産となっていきました。

ただし、製造過程には違いがあります。御前崎は強い風が吹くために、三日間で乾かすのに対して、茨城県では、乾かすのに一週間かかるのです。

風は風下に行くほど強くなります。遠州地域に吹き付けたからっ風は、御前崎を吹き抜けるときにもっとも強くなります。御前崎では最大風速が秒速二〇メートルを超えることも珍しくないほど、強い風が吹くのです。

太陽の光と乾いた空っ風に干されたイモは、でんぷんが糖化して、表面に白い粉が吹きます。干し芋は、しっとりとやわらかくて甘い何とも言えない美味しさです。

この干し芋づくりに用いられているのが、泉一三号という古い品種です。泉一三号は、昭和十三年に、茨城県農業試験場で育成された品種で、蒸すと甘味が強いのが特徴です。この泉十三号は、昭和三十年頃に御前崎に導入され、今日でも、干し芋の原料として広く栽培されています。

遠州の人参芋／サツマイモ（御前崎市ほか）

遠州灘地域で「にんじん芋」と呼ばれている芋があります。にんじん芋は、その名のとおり、肉質がニンジンのように橙色をしています。この橙色の色素は、ニンジンと同じカロテンです。

にんじん芋は、栽培が難しく、芋も大きくならないため、収量も多くありません。また、繊維が多く、身が崩れにくいため、加工しにくいという欠点もあります。しかし、切干芋にしたときに、独特の甘みがあり、味が良いため、今でも一部で栽培が続けられています。

遠州灘の砂地地域では、美味しい切干芋を作るために、各農家がそれぞれ、切干に適した系統を選抜したり、また、改良をしたりして、独自の系統を育んでいます。

にんじん芋も、古くから多くの系統や、「兼六」などの古い品種が導入されて試作されてきました。また、天竜川沿いで選抜された「しんや」のように、各農家で優良系統が選抜されて独自の系統も栽培されています。味や食感もさまざまです。

そのため、ひと口に「にんじん芋」と言っても、さまざまな系統や古い品種が混在していると考えられています。

静岡県の在来サトイモ／サトイモ（県内各地）

サトイモの煮っ転がしと言えば、お袋の味の定番ですが、じつはサトイモは東南アジア原産の植物です。そういえば、あの大きな葉っぱは熱帯のジャングルが似合いそうな気もします。

サトイモは古代に南方から海を渡ってきた人々によって、日本に伝えられたと考えられています。その年代は明らかではありませんが、縄文時代以前のことであると考えられています。その伝来はイネよりもずっと古いのです。

サトイモは熱帯性の作物なので、寒さに強い作物ではありません。そのため、寒冷地では、寒さに強い限られた系統しか冬を越すことができないのです。しかし、温暖な静岡県では、在来種を含めて多くの種類のサトイモが作られています。

サトイモは温帯の日本ではほとんど花を咲かせて種をつけることはありません。また、もともと種をつけずに芋だけで増える種類もたくさんあります。そのため、品種改良をしにくく、在来種を残しやすいという特徴もあります。

静岡県では各地で多くの在来のサトイモが見られます。

また、地域の風土に合わせて栽培方法もさまざまで、山間地で焼き畑で栽培されたものから、水田で水を張って栽培されたものまであります。

サトイモは、古い時代に日本に伝来した作物です。その伝来は、イネよりも古く縄文時代以前であると考えられています。お月見やお雑煮など、伝統的な行事にサトイモが使われるのは、サトイモがそれだけ歴史のある作物であったことを今に伝えているといわれています。

植物学的に見て、サトイモには大きく分けて染色体が二倍体のサトイモと三倍体のサトイモとがあります。サトイモはもともとえぐみのある植物でした。現在、作物となっているサトイモは、えぐみのない系統を選抜して作られたものです。サトイモはもともと二倍体でした。二倍体のサトイモは、親芋やずいき（芋の茎）を食べます。一方、三倍体のサトイモは、子芋がたくさんつくのが特徴です。また、茎や親芋にはえぐみがあるため、子芋のみを食べます。

県内では「わせいも」「やつがしら」「あかめ」の三種類のサトイモが多く残っています。やつがしらは二倍体の品種なので、ずいきの部分も食用になります。しかしサトイモは、それぞれの地域の風土の中で栽培が続けられているうちに、系統が分化していると考えられており、形態や味がそれぞれ異なります。

たとえば、梅ケ島のやつがしらは、他の地域で栽培してみると、うまく育たないといわれています。同じやつがしらであっても、地域ごとにその土地にあった系統が育まれているのです。

次頁からは、静岡県で栽培されている在来のサトイモの一部を紹介します。

大中寺芋《だいちゅうじ》／サトイモ（沼津市）

沼津には御用邸があり、かつては大正天皇や皇族の方々がご静養されました。その御用邸の大正天皇からの注文書に「大中寺芋」という記述が残っています。

大中寺芋というのは、大中寺から送ってもらう芋という意味で、御用邸での呼び名です。もともと地元では「唐の芋」と言われていたとされています。

大中寺芋は「女芋」とも言われています。この地域には「男芋」という在来の里芋もあります。男芋は子芋がたくさんつかないのに対して、大中寺芋は、子芋がたくさんつくために「女芋」と呼ばれているのです。

大中寺は愛鷹山の裾野にある禅寺です。この大中寺の周辺で作られていた里芋が、大中寺芋です。里芋には、子芋を食べる種類と、親芋を食べる種類がありますが、大中寺芋は親芋を食べる種類です。大中寺芋は、赤ちゃんの頭ほどにもなる大きな芋が特徴です。全国の里芋を見て歩かれている研究者の方は、おそらく日本で一番大きな里芋ではないかと推察されていました。

肉質がきめ細かく、味の優れた里芋です。煮崩れしにくいので、地元では、おでんの具としても用いられます。

大中寺芋が栽培される愛鷹山は、赤土の層があり、水を十分に含んでいます。しかし山の斜面なので水はけが良いという特徴があります。水分がありながら、水はけが良いという絶妙な条件によって、

美味しい大中寺芋が作られているのです。

里芋は皮をむくと黒く変色してしまいますが、大中寺芋は、えぐみがなく、変色しません。そのため、鶴と亀の彫り物をして、結婚式のお祝いにしたとされています。

しかし、時代が進み、いつしか大中寺芋は作られなくなってしまいました。そして、ただ一軒、井出貞一さんの家だけが、大中寺芋を守り続け、大中寺が御使い物としてこの大中寺芋を買い支えてきました。

現在では、「大中寺芋の会」が結成され、大中寺芋の生産が広げられています。

最近では、大中寺芋を使った芋焼酎「夢窓」も作られました。「夢窓」の名は、愛鷹山に大中寺を開山した鎌倉時代の僧、夢窓国師に由来しています。

三右衛門《さんえもん》芋／サトイモ（焼津市）

かつてこの地に飢饉があり、食べるものがなかったとき、唯一、実りをもたらせたのがサトイモだったと言い伝えられています。九月十五日に焼津市三右衛門新田の八幡神社で開催される「芋祭り」は、そんなサトイモに対する感謝から始まったとされています。

この芋祭りでは、昔は醤油とたっぷりの鰹節で炊いたサトイモを串に刺したものが、子どもたちに振る舞われました。子どもたちはこのサトイモに、さらに削った鰹節をべったりとつけて食べたといいます。この芋祭りに使われるサトイモが、三右衛門芋です。

また別の祭りでは、ドジョウ汁に三右衛門芋を入れたものが振る舞われたそうです。

三右衛門新田のように、志太平野には人の名前がついた地名がたくさんあります。

志太平野はもともと蛇行して流れる大井川の氾濫原でした。そして大井川の治水によって平野に水田を拓いたのです。そのため、志太平野には、開拓者の名前がつけられていきました。

三右衛門新田は水田が広がり、稲作が行われましたが、換金作物としてサトイモが盛んに栽培されました。

サトイモというと畑で作るイメージがありますが、三右衛門芋は田んぼで作るサトイモです。

三右衛門芋は、夏の暑い間は田んぼで水を張って育てます。そして、収穫するときに田んぼの水を落とすのです。三右衛門新田は水はけが良いので、すぐに田んぼの水を落とすことができます。その

芋祭りが行われる三右衛門新田の八幡神社

ため、里芋の栽培に合わせてきめ細かな水管理を行うことができたのです。

もともとこのあたりで作られていたサトイモは、エビのように曲がった形をしていましたが、あるとき隣の集落の大住で芋の丸い系統が選抜されました。これが三右衛門新田に伝えられ、三右衛門芋になったとされています。三右衛門芋は、葉が垂れずに、ハスの葉のように平らになるのが特徴です。子芋、孫芋、ひ芋が次々に連なった形をしています。

田んぼで作られる三右衛門芋は、粘りがあり、やわらかくてなめらかな食感が特徴です。その昔、三右衛門芋は味の良い芋として評判で飛ぶように売れたそうです。

三右衛門芋は、極早生のサトイモで、お盆が過ぎた頃には収穫ができます。とはいえ、まだ葉が生い茂る時期に芋を掘り上げるのは大変な作業だったようです。

焼津といえば、八月十三日の焼津神社の荒祭りが有名です。海の男たちは、この荒祭りのために漁から焼津の港へと帰ってきました。そして、荒祭りが終わると再び漁へと出掛けて行ったのです。三右衛門芋は、焼津港から出港するカツオ船やサバ船に食糧として大量に積み込まれたといいます。

サトイモは、皮のついたまま売られているのが普通ですが、三右衛門芋は船の上ですぐに調理できるように、木べらで皮を剥いて売られました。ただし、皮を剥いたままでは変色してしまうために、焼きミョウバンで色止めをする作業が行われました。

三右衛門芋は、焼津の漁業と関わりの深い野菜です。芋祭りの芋に、かつお節がふんだんに使われるのは、そんな港町との関係があったからかも知れません。

寒さに弱いサトイモは、種イモを芋穴という穴を掘って土の中で冬越しさせます。三右衛門新田でもかつては芋穴を掘りましたが、戦後になってイネの収量があがり、藁がたくさんとれるようになると、芋の株のまわりに、大束の藁をふんだんに厚く敷いて冬越しをさせるようになりました。

三右衛門芋は、まさに志太平野の恵みが産んだ豊かな田んぼの芋なのです。三右衛門芋は、古くは三右衛門新田から大住に掛けて盛んに作られていましたが、今では三右衛門新田の小野田さんが、ただ一軒作っているだけとなりました。そして、細々ながらも芋祭りでは三右衛門芋が振る舞われています。

大富芋／サトイモ（焼津市）

「茜だすきに菅の笠」と童謡「茶摘」で歌われる菅の笠は、カサスゲと呼ばれる湿地の植物から作られます。この菅の笠の産地として有名だったのが、焼津市の大富です。湿地が広がっていたこのあたりでは、材料となるカサスゲを栽培し、菅の笠の加工が盛んに行われていたのです。

この大富で昔から作られていた芋が、大富芋です。

大井川によって作られた志太平野には、土がたまった水はけの悪い泥層の場所と、砂利がたまった水はけの良い礫層の場所とがあります。先述の三右衛門芋は、水はけの良い礫層で栽培されました。そのため、収穫のときに水を落とすことができたのです。

一方、大富はかつてはタンボナカ（田んぼ中）、タバショ（田場所）と呼ばれた湿地帯の水田地帯でした。そして、大富の田んぼは泥が深く、昔は田んぼの水を簡単に落とすことができなかったのです。そのため、大富芋は、田んぼではなく、田んぼの中に「オカジ」と呼ばれる幅の広い畦を作り、里芋を作ったのです。

犬間《いぬま》の八つ頭／サトイモ（島田市）

「静岡の茶草場農法」は世界農業遺産に登録されています。

茶草場とは、茶園に敷く草を刈るための草刈り場です。茶草場では、毎年、秋から冬に掛けて草を刈り取ります。この里山の管理によって、豊かな植物が育まれているのです。

島田市伊久美犬間の茶草場には、芋穴と呼ばれる穴が開けられています。冬の間、この芋穴の中にサトイモを保存するのです。

サトイモは、もともと熱帯性の作物なので、冬を越すことができません。家の中に置いておいても、昔の家屋では寒すぎて芋が死んでしまいます。

そこで、暖かな場所に穴を掘って、その中でサトイモを保存しておいたのです。こうして来年のための種芋を保存したり、穴から出してサトイモを冬の間の食べ物として利用しました。サトイモを保存するための穴は「芋穴」や「芋釜」と呼ばれ、静岡県内各地に見られます。

草を刈られた茶草場は、日当たりがよくとても暖かな場所です。昔は、茶草場は、よく日なたぼっこをする場所でした。そして、子どもたちは草すべりを楽しみました。茶草場は生き物を育むだけでなく、そんな暮らしの中の場所でもあったのです。

そんな暖かな茶草場は、サトイモを保存するのに最適でした。犬間の芋穴は、三五〇年前から同じ穴を使い続けていると言います。まさに世界農業遺産にふさわしい歴史を持っているのです。

茶草場に作られた芋穴（上）

この芋穴に保存されるのが、古くから栽培されている在来の八つ頭です。

芋穴では、深く掘った穴に芋を入れて、雨除けにシダの葉を厚く敷き詰めます。そして土をかぶせてその上にネズミ除けにスギの葉を敷きます。このとき、とくに葉が針状になった「鬼杉」を用いるとされています。

昔は犬間の茶草場には並んでたくさんの芋穴がありましたが、現在では、鈴木千鶴枝さんと萩山和江さんの二軒の芋穴が残るのみです。

かつぶし芋／サトイモ（静岡市駿河区）

静岡大学の目の前に「山の神」と呼ばれる小高い丘があります。この山の神の丘では、今でも、「芋釜」と呼ばれる人の背丈ほどもある深い穴を掘って、種芋を保存しています。熱帯アジア原産の野菜である里芋は寒さに弱いため、土の深いところで冬を越すのです。

この地域で古くから作られていた里芋が「かつぶし芋」です。この地域では、水はけの良い黒ボク土を使ってはだか麦と里芋の二毛作が行われてきました。しかし、今ではすっかり開発が進み、かつぶし芋を栽培するのも増田作一郎さん、ただ一人となってしまいました。私が見たとき、かつぶし芋は、お雑煮用にたった一株が栽培されているだけでした。

「かつぶし芋」はお雑煮には欠かせない芋です。

「かつぶし」というのは、鰹節のことです。かつぶし芋は、出汁がいらないほど、味が濃いのが特徴です。実際にかつぶし芋を入れた雑煮には、出汁は一切使わずに、かつおぶしを掛けて食べるそうです。

かつて里芋は「お天道さんの花」と呼ばれ、神聖な野菜とされてきました。そのため、他の野菜に下肥を使っても、里芋にはけっして下肥は使わなかったそうです。

この地域では、他にも「肩車」を意味する「かたくま」という早生イモが栽培されていましたが、今では消失してしまいました。

昔ながらのお雑煮の味とともに、かつぶし芋は、いつまでもこの土地で守り続けてほしいものです。

磐田の海老芋／サトイモ（磐田市）

海老芋といえば、有名な京野菜の一つですが、じつは、磐田市は全国の八割を占める全国一の産地です。

京都の海老芋は、「唐の芋」と呼ばれるサトイモの一種です。唐の芋は、江戸時代初期に、長崎から京都に持ち込まれたとされています。エビイモは、土寄せをして土の重みで芋を曲げます。この曲がった形と、芋の縞々模様がエビに見えることから、縁起物の食材とされたのです。エビイモは粘り気がありながら、よく締まった粉質の肉質が特徴です。

天竜川の周辺では、昔はサツマイモが栽培されていましたが、昭和二年（一九二七年）ごろに、磐田郡豊田町（現在の磐田市）役場の農事監督官、熊谷一郎が、新作物として導入しました。そして、商品価値の高い作物として磐田市内（旧豊岡村、旧豊田町、旧竜洋町）に栽培が広がっていったのです。天竜川が山から運んだ肥沃な土壌と豊富な地下水がエビイモ栽培には、適しており、良質なエビイモが生産されています。

磐田の海老芋は、京都の海老芋と少し違います。

京都の海老芋は頭の部分が太く、先にいくほど細くなっています。これに対して、磐田の海老芋はしっぽまで太く、ずん胴の形をしているのです。

エビらしい形を重んじる京都の伝統からすれば、エビらしくない磐田の海老芋ですが、しっぽまで

しっぽまで太いのが特徴の磐田の海老芋

太いので料理に使うのには無駄がありません。磐田のエビイモは伝統にとらわれず、実利性のある海老芋なのです。

このような太いエビイモを作るのは簡単ではありません。エビイモは、株もとに土を寄せて固める作業を繰り返しますが、太く曲げる技術は、磐田市で考案された独特の技術です。この技術は門外不出の技術とされています。

磐田の海老芋には、茎が緑色の「青がら」と、茎が赤紫色の「赤がら」の二種類があります。正月より以前には、青がらが主に収穫され、正月以降には赤がらが収穫されています。

水窪の在来サトイモ類（浜松市天竜区）

山間の集落では、山の焼畑や家周りに畑がありますが、米を作る水田はほとんどありません。昔の水窪町で飯といえば麦飯であり、米は大変貴重なものでした。麦をはじめとした雑穀類、里芋などのイモ類、クリやトチなどの木の実は、山に暮らす人々にとって主食です。

お月見の頃からとれはじめる里芋は、山村のお月見に欠かせないものです。お米の団子ではなく、里芋を十二個、箕《み》に入れて、ススキと一緒にお月様へお供えします。その日は里芋を串芋にして食べるのです。

水窪町の里芋はホクホクしておいしい「とうのいも」、おいしいが固い「あかめ」、のどを通る際にかゆい感じになる「きゅういも」、長くできる「たけのこいも」、頭はうまくない「けいも」、きめが細かくてうまい「やつがしら」、赤くて小さい「ちょろいも」などいろいろな種類があったそうです。

現在では「とうのいも」と「やつがしら」が水窪で作られていることを確認できました。また、「あかめ」は水窪の隣町である旧龍山村瀬尻に残っていました。

サトイモは、「芋の煮えたの御存じない」といって、水がなくなるまでなべで煮ます。そうするとホッコリと美味しいというのです。

「とうのいも」は、ねっとりしていておいしい芋です。大きい親イモを半分に切って、その面をいろりで焼くと、焼けた面が薄くはがれ、煎餅のようになります。大きい親イモができますが、子イモが

それほどつきません。また、「とうのいも」は、串を上手に刺さないとイモが割れてしまうそうです。そのため、サトイモ用の串は丸、ジャガイモは平らにするとよいと聞きました。

串イモは天竜区水窪町だけでなく、龍山町や佐久間町でも見られます。いろりの利用がなくなっていくと茹でたイモを串に刺し味噌をつけて焼くことが少なくなって、だんだん家庭から串芋が見られなくなりました。山住神社のお祭りに、向市場地区の農家の母さんたちが、食事の販売を頼まれました。そこで、昔から伝統的に食べてきた「串イモ」、「ソバ」、「コンニャク」を販売することにしたそうです。これらの山の食べ物は大好評で、大変人気があったそうです。特に「串

水窪のサトイモは串芋がおいしい

芋」はサトイモだけでなく、ジャガイモも使い、水窪では今でも売店で販売されています。

昔の山の集落は、家の周りにカイトと呼ばれる畑があり、その周りに草刈り場となる草山、栗林、薪を取る山となっていました。それより山奥が焼き畑山、炭焼きをする炭焼き山、狩りをする山となっています。薪山や焼畑山にはタヌキ、キツネ、アナグマなど中小動物などがいたでしょう。イノシシ、シカ、カモシカ、クマなどの大動物は炭焼き山より奥に住んでおり、焼畑に時々出てきました。収穫時期が近くなると、イノシシやシカなどの動物たちを追い払うために、山小屋で「ひょーいひょーい」と声を出し、一晩中番をしたそうです。

大代《おおじろ》こんにゃく／コンニャク（静岡市葵区）

コンニャクはサトイモ科の植物です。東南アジア原産の熱帯性の植物で、日本には縄文時代に伝えられたと考えられています。その後、奈良時代になると仏教の伝来とともにコンニャクの製法が中国から伝えられました。

静岡県内では、各地で昔から栽培されていたコンニャクが残っています。山の斜面で、茶やミカンを栽培していた静岡県では、茶畑の畝間で栽培したり、ミカン畑のミカンの木の下で栽培されていました。

静岡市梅ケ島大代地区は、かつてはコンニャクの産地として有名な場所でした。大代のコンニャクは粘りがあって、糸コンにすると良いと評判だったとされています。

大代のコンニャクの伝統的な栽培方法は独特です。食糧として栽培しているムギの畝間に、春にコンニャクを植え付けます。そして、麦を収穫した後、山草を敷き、土を入れて、その上に麦わらを掛けたそうです。残念ながら、今ではこの栽培方法は行われていませんが、大代地区では今でも昔から伝わるコンニャクの在来種が栽培されています。

農試《のうし》六〇号／ジネンジョ（掛川市）

ジネンジョは山に自生しています。ジネンジョがヤマノイモと呼ばれるのに対して、一般に栽培されるナガイモやイチョウイモ、ヤマトイモなどはヤマイモと呼ばれます。ジネンジョは日本原産の植物ですが、これらのヤマイモは、中国原産の栽培種で、ヤマノイモとは、まったく別種の植物です。

静岡県下では、ジネンジョをすりおろしたとろろが名物のところがたくさんあります。

江戸時代の東海道では、多くの峠を越えていきます。そのため、峠を越えるための精をつけるために、街道の茶屋でジネンジョのとろろ汁が人気だったのです。

宇津谷峠をひかえた静岡市の丸子宿では、とろろ汁が名物ですし、小夜の中山のある掛川市でもジネンジョを使った芋汁が食べられます。

静岡県ではとろろは、味噌汁でのばします。味噌汁の出汁を何で取るかが、地域によって異なります。丸子のとろろ汁は、鯖節や鰹節で出汁を取ります。掛川の芋汁は鯖節ですが、山間地ではしいたけの出汁を用います。また、海岸近くでは、ハゼで出汁を取ります。

このように、静岡県では古くからジネンジョが食べられており、山に自生するジネンジョを取ってきて、栽培していました。

農試六〇号は、静岡県農業試験場（現在の静岡県農林技術研究所）の尾崎久芳氏によって県内から収集した野生のジネンジョの中から選抜されました。掛川市馬平で採取された系統が六〇号で、六〇

号というのは、系統番号です。つまり各地から収集した系統の六〇番目が六〇号だったのです。

六〇号は、肌が白く、灰汁が少ないので、すりおろしても黒くなりません。また、肉質もきめが細かく、箸でつかめるほど、粘りが強いのが特徴です。そして、甘くて上品な香りが広がります。六〇号は、野趣なイメージのあるジネンジョの中でも、女性的なイメージを持つ系統です。

ジネンジョは雌雄異株なので、オスの株とメスの株とがあり、メスの株の方がおいしいとされています。ただし、六〇号はオスの株です。

おいしさが際立っていた六〇号は、あまりの人気だったので、品種名をつける間もなく、系統番号のままでまたたく間に広がっていったのです。

せんぼ芋／カシュウイモ（川根本町）

珍しい野菜にエアポテトや宇宙芋と呼ばれているものがあります。この野菜は、長く伸びたつるに、秋になると大きな芋がぶら下がります。この様子が空中のジャガイモという意味のエアポテトと言われたり、宇宙空間に浮かぶ星を連想させるので宇宙芋と呼ばれたりしているのです。

エアポテトはヤマイモの仲間で、空中になった芋は、実際には巨大なむかごです。ずいぶんと珍しい最近の野菜というイメージがありますが、じつは古い時代に日本に伝えられて、江戸時代くらいまでは、全国各地で栽培されていました。立派な在来野菜なのです。

エアポテトには、野生型と栽培型があります。もともとの野生型は東南アジアの熱帯原産ですが、栽培型は温帯地域で発達したと考えられています。

エアポテトの栽培型は、カシュウイモと言います。

カシュウイモは漢字では「何首烏芋」と書きます。何首烏というのはツルドクダミという別の植物の漢名です。中国の伝説で髪が真っ白の青年が、仙人にもらった薬草を煎じて飲んだところ、髪が烏のように黒くなりました。そのため、この生薬を「何首烏」と呼ぶようになったのです。カシュウイモは、芋がツルドクダミの根に似ていることから、「何首烏芋」と名付けられました。

かつて広く栽培されていたカシュウイモは、現在ではほとんど残存していませんが、各地の山間地

ではわずかに栽培が見られます。
大井川上流の川根地区の一部では、現在でもカシュウイモの栽培が残っています。「せんぼ芋」というのは、当地での呼び名です。

井川大蒜《いがわおおびる》／ニンニク（静岡市葵区）

井川ではニンニクのことを大蒜（おおびる）と言います。

大蒜は、ニンニクの古い呼び名です。平安時代に記された日本最古の薬草事典「本草和名」には、「大蒜」の記載があります。

静岡市井川地区では、このみやびな古い呼び名が今でも残っているのです。蒜というのは、ネギやニンニク、ノビルなど根茎を食べる辛味のあるネギ科野菜の総称です。日本には飛鳥時代から奈良時代に掛けて、中国から伝わったと考えられています。そして、それまで食べられていた蒜と区別するために、野に生えていた蒜を野蒜、中国から伝わった蒜を大蒜と呼ぶようになったのです。

昔から栽培されていた在来の井川大蒜は、皮の色が赤紫色をしています。とても小粒ですが、肉質がしっかりしていて粘りがあるのが特徴です。また、味がしっかりとしていて、匂いが後に残らないのが特徴です。

地元では、味噌に漬けこんでニンニク味噌を作ったり、鹿肉の刺身といっしょに食べます。また、冬から春にかけては、ニンニクの芽が食卓を彩ります。ニンニク芽は、鹿などの肉と一緒に煮込んで、すき焼きのように食べます。何ともぜいたくな山のごちそうです。

コラム　山のスパイス

静岡県の山間地では、多くの在来作物が残っています。特に、ニンニク、トウガラシ、ショウガ、サンショウ、カラシナ、ワサビなどの香辛料の作物が多く見られます。昔から山間地ではスパイスが多く栽培されてきました。そして、これらの香辛料を使った伝統料理が残っています。静岡県の山間地はスパイス王国なのです。

これらのスパイスには、体を温める効果があります。そのため、標高が高く冷涼な気候の中で、体を温めるためにスパイスを利用したのです。

また、スパイス類は滋養強壮の効果もあります。ニンニクは、古くはピラミッドを作る労働者に支給されていたといわれるほどの滋養強壮剤でした。また、ショウガも古くから強壮剤でした。ショウガは英語でジンジャーと言いますが、この言葉が語源となって「ジンジャー」は動詞では「活気づける」という意味もあるほどです。

静岡の山間地でも、山仕事の重労働をするために、強壮力のあるスパイスを積極的に摂取していたのです。

滝沢にんにく／ニンニク（藤枝市）

昔は、節分の夜には、ヒイラギの小枝に焼いたイワシの頭を刺して、玄関に飾る風習がありました。くさいイワシの臭いで、鬼を追い払うおまじないなのです。

このようににおいで魔除けをすることを、焼嗅（やいかがし）と言います。昔は鬼だけでなく、髪の毛などを焼いたくさい臭いで、作物を荒らす動物を追い払いました。スズメ除けに田んぼに立てる「かかし」という言葉は、この「やいかがし」に由来しています。

藤枝市瀬戸谷地区では、節分の夜になると、香花の葉に、焼いたイワシの頭とニンニクを包んで、柳の箸に立てて、鬼払いにしました。この行事に今も使われていたのが、在来のにんにくです。

臭いニンニクを魔除けに使うのは、西洋

のドラキュラ除けとまったく同じ発想です。

このときに、その臭気の効果を強めるために、「やいかがしのそうろう　隣のじぃじぃ　ばぁばぁあかぎれあしに　白たびはいて　しゃらくっせぇ」と悪態をつきました。

古来、鬼は一つ目なので、目のたくさんあるものを怖がるといわれます。そのため、節分の夜には、長い竹竿の上に、目の多い、古い籠を飾りました。この風習は「目かご」と呼ばれます。

残念ながら、瀬戸谷地区でも、今では在来のニンニクはほとんど栽培されていませんが、瀬戸谷地区滝沢の阿井さんのお宅では、在来の滝沢にんにくが今も作られています。

阿井さんのお宅では、昔から塩と滝沢にんにくを使って白菜漬けを作ってきました。この白菜漬けのために阿井さんの家の前の畑の一角でニンニクが守り作られてきました。

一般に野菜は、同じ場所で続けて作ると連作障害を起こしてうまく生育しなくなります。ところが、ニンニクは連作ができる野菜です。阿井さんのお宅では、庭の片すみで、ニンニクが栽培されていますが、先代からずっと同じ畑の同じ場所で作り続けられてきました。

ニンニクは、茎に「むかご」という栄養繁殖体を作ります。一般にニンニク栽培では、ニンニクに栄養分がいくように、このむかごを取り除いてしまいます。ところが、滝沢にんにくは、むかごは取り除きません。この食材を調理したイタリアンのシェフによれば、むかごの方が味が詰まっていて、よりおいしいのだそうです。

遠州極早生／ニンニク（浜松市ほか）

餃子日本一を争う静岡県浜松市と栃木県宇都宮市ですが、その餃子の味には大きな違いがあります。宇都宮の餃子は、中国東北部の満州から引き揚げてきた軍人が作り方を伝えたことに由来しています。餃子の材料として用いられるニンニクやハクサイ、ニラは、もともと寒い地方でよく栽培されています。寒冷な栃木県では、これらの材料が入手しやすかったのです。一方、浜松の餃子もまた満州などで餃子の作り方を覚えた復員兵が、浜松駅周辺で餃子の屋台を始めたことに由来すると言われています。ところが、浜松は温暖なために餃子に必要なニラやニンニク、ハクサイなどが入手しづらい条件にありました。そのため、ニラやニンニクをあまり使わず、ハクサイの代わりに地域の特産であるキャベツをたっぷり使う餃子が作られたのです。そのため、浜松の餃子はキャベツの甘味が持ち味です。

遠州地域には、古くから栽培されている「遠州極早生」と呼ばれる在来のニンニクがありました。ニンニクには寒地系の品種と暖地系の品種がありますが、遠州極早生は暖地系の品種です。遠州極早生は、小ぶりのニンニクで、皮が赤紫色をしているのが特徴です。また、現在、一般に売られているニンニクは、リン片の数が六片ですが、遠州極早生は十二片程度です。ニンニクは、秋に植え付けたニンニクは芽を出すと、冬の間、成長が停滞します。しかし、遠州極早生は、冬の間も成長が滞ることなく、伸び続けるので、早く収穫することができるのです。また、茎が長く伸びるために、茎ニンニク用の品種としても育てることができます。

水窪在来／ニンニク（浜松市天竜区）

浜松市天竜区水窪には、「遠州極早生」よりもさらに小さな在来のニンニクがあります。遠州極早生と同じように、水窪在来も冬の間、葉が伸び続けます。そのため、ニンニクの芽も、冬の間の貴重な食材として食べられていました。

一月七日の七草の節句には、春の七草を入れた七草粥を食べます。春の七草は「せり、なずな、ごぎょう、はこべら、ほとけのざ、すずな、すずしろ、これぞ七草」とされています。ただし、実際には、七草粥に入れる菜っ葉は地域によってさまざまです。

標高の高い浜松市天竜区水窪町大沢地区では、春の来るのが遅く、七草の節句に食べることのできる菜っ葉はたくさんありません。そこで、在来のニンニクの芽を七草粥に入れるのです。

瀬戸谷のらっきょう／ラッキョウ（藤枝市）

県内には、山間地を中心として、いくつかの地域で在来のラッキョウが残っています。在来のラッキョウは、現在のラッキョウに比べてとても小さいのが特徴です。小さいので皮を剥くのが大変ですが、昔ながらの在来ラッキョウは味が良いとされていて、今も栽培されているのです。

「瀬戸谷のらっきょう」もその一つです。

瀬戸谷地区には、「らっきょう樽」と呼ばれる陶器でできた樽があります。この樽はワインの樽のように、小さな丸い口がついています。この樽の中にラッキョウを入れて、ラッキョウ漬けを作るのです。

この作り方は変わっています。樽の中に甘酢とラッキョウを入れると、樽のふたをしてしまうのです。そして、樽を横に倒しておきます。すると、子どもたちが樽の上に乗って、玉乗りのように、樽を転がして遊ぶのです。こうして、子どもたちが遊びながら樽を転がしているうちに、ラッキョウが漬かっていくのです。

このような子どもたちの遊びもまた、在来の味を伝える大切な役割をしていたのです。

残念ながら、現在ではラッキョウ漬けに、昔ながらのらっきょう樽は使われていません。そして、樽の上に乗って遊ぶ子どもたちの姿もまた、見られなくなってしまったのです。

やまからっきょう／ラッキョウ（静岡市葵区）

静岡市葵区にある蓮永寺は、徳川家康の側室であるお万の方の菩提寺です。この蓮永寺の山門をくぐった敷地のすぐ傍らに、在来のラッキョウが守り育てられています。、小ぶりですが、味が良いとされています。

ふつうのラッキョウの花は、紫色をしています。ところが、このラッキョウは白い色をしています。匂いの強い野菜とは思えない清楚で美しい花です。

禅寺の門の石柱に、「不許葷酒入山門」（葷酒山門に入るを許さず）と書かれているのをときどき見かけます。葷酒《くんしゅ》とは葷菜《くんさい》と酒のことで、葷菜とはネギ、ニンニク、ニラ、ノビル、ラッキョウの五辛と呼ばれる野菜のことです。これらのネギ属の野菜は匂いが強いため、寺に入ることを禁じられていたのです。それでは、なぜ蓮永寺にはラッキョウが植えられているのでしょうか。

蓮永寺は、もともとは現在の富士川町にありましたが、徳川家康によって駿府城の鬼門であるこの地に移転されました。そしてラッキョウが植えられたこの場所は蓮永寺と共に、この地に移された農家の畑だったのです。この畑を守る青木嘉孝さんの屋号は「やまか」と言います。やまからっきょうの名は、この屋号に由来しているのです。在来ラッキョウが残るこの辺りは都市化が進み、畑が少なくなっています。寺の敷地にある畑は、貴重な在来ラッキョウを大切に守っているのです。

麻機《あさばた》長れんこん／レンコン（静岡市葵区）

静岡平野の北部にある麻機湿地で古くから栽培されていたのがレンコンです。深い湿地で栽培される麻機レンコンはかつては東京や京都の料亭に出荷されたブランドです。その中でわずかながら昔ながらの在来のレンコンも残されています。

一般に、観賞用のハスはピンク色の花を咲かせるのに対して、食用のハスは白い花を咲かせます。しかし、在来の麻機長レンコンは、食用でありながら、ピンク色の花を咲かせるのが特徴です。花も美しく、食用である麻機長レンコンが、だんだんと栽培されなくなったのには理由があります。

一般に栽培される「だるま系」と呼ばれるレンコンの品種は、節間が短く、丸いので掘りやすい形をしています。しかも、泥の浅いところで太ります。これに対して長レンコンは、人の腕のように細いレンコンが長く伸びています。そして、泥の深いところで根茎を太らせます。そのため、泥を掘って収穫するのが大変なのです。

長橋リャウさんは、今も昔ながらのレンコ

家康が食べたとされるレンコンとヤマイモのとろろの再現

ンを栽培しています。現代ではレンコンは、水圧ポンプで泥を掘りながら、掘っていきます。しかし、この方法ではレンコンが傷ついてしまうので、麻機レンコンは現在でも、一本一本ていねいに手作業で収穫されています。

在来の麻機長れんこんを作る長橋さんは、体が見えなくなるくらいまで、泥を深く掘り、ていねいに素手でレンコンを掘っていきます。長レンコンは一メートル以上の長さになるので、折れないように掘っていくのは大変です。それは、まるで遺跡や化石を発掘するような精細な作業です。一本を掘るのに三十分、場合によっては一時間近くも掛かることもあります。

麻機長れんこんは、甘味が強く、通常のレンコンと比べると、やわらかくねっとりとしているのが特徴です。ふつうのレンコンと長レンコンをしまっておくと、ネズミは決まって長れんこんの方を食べるそうです。それだけ長レンコンの方がおいしいのです。

長れんこんは、粘りが強く、レンコンを切ると納豆のように糸を引きます。

薬膳に精通していた徳川家康は、この麻機長れんこんとジネンジョを混ぜたとろろを食したと言われています。この家康のとろろを、とろろ汁で有名な丁子屋で再現しました。四百年の時を越えて復活したその味は、レンコンの甘味があり、驚くほど美味しい逸品となりました。

麻機くわい／クワイ（静岡市葵区）

北側に山があり、南側に海がある静岡平野では、すべての河川は北から南に向かって流れます。ところが不思議なことに、静岡市にある浅間神社の前を流れる水路は、他の川とはまったく逆に南から北に向かって流れています。じつは、これこそがかつての安倍川の流れだったのです。

かつて安倍川は、幾筋もの流れに分かれて静岡平野を流れており、その一つは、駿府城の西を大きく北上して、麻機湿地を経て、清水港に注いでいました。

その後、徳川家康は安倍川を付け替えて静岡平野の西を流れる藁科川と合流をさせて、静岡平野の治水を行ったのです。そして、かつての安倍川の流れがあったところに、麻機湿地が残されたのです。

すでに53ページで紹介したように、泥の深いこの地は、レンコンの栽培が行われています。そして、その一画でクワイが栽培されているのです。

クワイは、レンコンとともに、おせち料理に使われる野菜です。レンコンは穴が開いていることから、「先を見通せる」縁起物とされます。一方、クワイは、くちばし状の芽が伸びている姿から、「芽が出る」と縁起をかつがれました。

クワイは中国原産の野菜です。現在でもクワイが栽培されているのは、日本と中国のみです。日本には奈良時代に中国から伝えられたと考えられています。

クワイには青みを帯びた青くわいと、外皮が白い白くわいとがあります。青くわいは、独特のほろ苦さと、ホクホクした食感が特徴です。日本では主に、青くわいが栽培されています。

一方、白くわいは、淡白な味が特徴です。白くわいは日本ではあまり栽培されておらず、中国で多く栽培されていることから、支那くわいの別名もあります。

麻機地区では、青くわいと白くわいの両方の種類が栽培されています。ちなみにややこしいことに、黒グワイ（クログワイ）という、イグサに似たカヤツリグサ科の水田雑草があります。

もともとクワイというのは、このクログワイのことを指しました。イグサに似ていて塊茎が食べられるので、食べられるイグサという意味で「食わ藺」と名付けられたのです。

一方、現在のクワイは、食用にする塊茎がクログワイに似ていて、花がきれいなので「花くわい」と呼ばれていたのです。ところが、花くわいの方がメジャーになると、やがて花くわいのことを単に「くわい」と呼ぶようになりました。そして、もともとの「くわい」を「黒ぐわい」と呼ぶようになったのです。クログワイは、漢字では烏芋と書くように、塊茎が黒いのが特徴です。もっとも、クワイとクログワイの名称は、江戸時代くらいまではかなり混乱して使われていたということです。

コラム 麻機れんこんが守るミズアオイ

静岡市の麻機湿地は、環境省の重要湿地に指定されています。この湿地は、絶滅危惧植物が二十種類も記録されていますが、最近では環境の変化によって、これら希少な植物の生存が危ぶまれています。

ところが、これらの希少な植物が生息する意外な場所があります。それこそが麻機湿地の近くにあるレンコンの畑です。

特に象徴的な植物が、ミズアオイです。ミズアオイは全国で保全活動が行われている絶滅危惧種です。静岡県ではミズアオイが見られるのは、麻機湿地のみです。秋になると、このミズアオイの紫色の美しい花が、レンコン畑の中で見られるのです。

奇しくもミズアオイ（水葵）の名は、葵の葉っぱに似ていることから名付けられました。徳川家の葵の御紋のモチーフは、フタバアオイですが、じつは徳川家が三つ葉葵の御紋になったのは、ミズアオイがきっかけになっていると言われています。ある戦のときに徳川家康の祖父である松平清康に、本多正忠が味方して勝利した時、本多正忠が清康に三つのミズアオイの葉に肴を盛って出しました。これを清康は喜んで、本多家の家紋であった「三つ葵」を旗紋としたというのです。まさに徳川ゆかりの植物が麻機レンコンによって守られているのです。

昔はミズアオイは田んぼの雑草として知られていました。しかし、農薬の影響で激減し、今では絶

レンコン畑に残る絶滅危惧種のミズアオイ

滅危惧植物と呼ばれるまでに数を減らしています。

しかし、麻機れんこんの畑では、ときどき畦に抜き捨てられたミズアオイを見つけます。レンコン畑では、ミズアオイは今でも雑草です。そのため、農家の方は困り者のこの水草を抜き捨てているのです。絶滅危惧種と同情されるよりも、雑草扱いされるのが、ミズアオイの本来の姿です。

レンコン畑では、そんな昔ながらの雑草のミズアオイが今も見られるのです。

井川の地かぶ／カラシナ（静岡市葵区）

静岡市葵区井川には、「かぶ」と呼ばれている在来野菜があります。

井川では、カブと同じようにして食べられていますが、太い根っこが分かれていて、とてもカブのようには見えません。何とも不思議なカブなのです。

じつは、これはカラシナの一種です。カラシナは根っこが太るため、根っこの部分をカブと同じようにして食べているのです。カラシナの根っこは、細長い根が太るだけですが、これらの地かぶは、生育が良いと、本当のカブのように丸々と太ります。

現在、井川の地かぶはわかっている範囲で、小河内の地かぶと、田代の地かぶ、中山の地かぶの三種類があります。

かきんの蕪／カブ（静岡市葵区）

全国の在来カブが調査される中で、静岡県には独自の在来カブはないとされてきました。カブは寒冷地で好んで栽培されて、漬物として食べられます。冬の間も青野菜を得やすい静岡県では、他の地域に比べて漬物をあまり作りません。そのため、もともと栽培されているカブの種類は少なかったのです。

ところが、静岡県で唯一見つかった在来カブがあります。それが、「かきんの蕪」です。

静岡市井川に「かきん」と呼ばれる場所があります。かつてこの地は金山として栄えました。そして葉っぱのような金が取れることから「はきん」と呼ばれていたのが、転化して「かきん」と呼ばれるようになったのです。

このかきんに残る在来の蕪が「かきんの蕪」です。かきんの蕪は、江戸時代の天保年間から当地で栽培されていたと言い伝えられています。

本郷大蔵大根／ダイコン（藤枝市）

昔は「たくあん三切れでどんぶり飯を食べた」と言います。そんなもの、食べ物のなかった時代と思っていましたが、「このたくあんはすごい」とうならせるたくあんの古漬けがあります。何しろ、そのたくあんは、一切れでどんぶり飯いっぱいは食べられるような味なのです。

その味を表現することは簡単ではありません。一口食べると、ダイコンの辛さや旨味が口の中で爆発的に広がります。そして後味にほんのりと甘味が残るのです。その強烈な味はご飯を一気にかきこみたくなります。今、米の消費量が減っているのは、もしかすると、こんなパンチの効いたご飯の友がなくなってしまったからなのかも知れません。

たくあんは、もともと発酵食品です。干した大根を糠に漬けこむと、枯草菌の発酵によって黄褐色に色づきました。これがたくあんの古漬けです。しかし、最近ではきれいな色にするために、ウコンやクチナシの色素を加えます。また、大量生産を行うために、今では多くが、調味料や色素で短時間に加工されます。昔のたくあんとは、まったく別の食べ物になってしまったのです。

大蔵大根は東京都世田谷区大蔵で栽培されていたダイコン品種です。古い昔に、藤枝市本郷に種子が持ち込まれて栽培されたとされています。

現在では、世田谷で栽培されている大蔵大根は改良されたもので、もともとの在来のものは残されていません。それが藤枝の山間地でひっそりと残されていたのです。

とはいえ、本郷大蔵大根は、現在では、一軒で栽培されているのみです。

昔はミカンの木の下で栽培されていて、種が自然にこぼれ落ちて、半自生状態で維持されていました。以前に、道ばたのアスファルトから生えている「根性大根」が話題になりましたが、雑草化して生えている本郷大蔵大根も「根性大根」を思わせるたくましさです。

三島たくあん大根／ダイコン（三島市）

江戸時代の東海道は三島の宿から箱根峠を越えて小田原の宿を目指します。箱根峠は、東海道の難所でした。三島市塚原は、昔は峠を越える駕籠かきを担っていた場所だといいます。

明治時代になって、駕籠かきの仕事はなくなり、畑を耕すようになりました。しかし、もともと農業をやっていた場所に比べると、畑の面積が広くありません。そのため、漬物用のダイコンや、夏キャベツなど、手間暇を掛けて価格の高い野菜を栽培する農業が行われたのです。

冬晴れの富士山を背景にずらりと大根が干される「三島の大根干し」の光景は冬の風物詩として有名です。火山灰土壌の箱根西麓では、ダイコンがよく育ちます。そのため、漬物用のダイコンが広く栽培されているのです。中でも塚原のダイコンは、昔は品質が良いと評判だったといいます。また、干しダイコンに塩を塗り込んで、早く干し上がるようにして、早く出荷をしました。しかし、重たいダイコンを干すのは力のいる重労働です。そのため、塚原では、ダイコン栽培は行われなくなり、今では数軒の農家が、自家用に栽培するのみになりました。

現在、三島の大根は「干し理想」という漬物用の品種が広く栽培されていますが、塚原には昔ながらの在来の大根の種が残されています。

在来のたくあん大根は、固くて辛味が強いのが特徴です。

村山にんじん／ニンジン（富士宮市）

世界文化遺産「富士山」の構成資産の一つである村山浅間神社は、富士山最古の登山道である村山口の起点でした。この神社の位置する富士宮市村山はかつてはおいしいニンジンの産地として知られていました。

富士宮地域には、昔は山梨の方から種屋さんが種を売りに来ました。そして、その種で美味しいニンジンが作られたのです。このニンジンは、おそらく「国分鮮紅大長人参」ではないかと考えられています。

富士山の火山灰土壌が堆積した富士宮市村山は、石がなく土がやわらかいのでニンジンが長くまっすぐに伸びることができます。そのため、村山にんじんは、八〇センチから一メートルもの長さにまで伸びます。そして、村山は、かつてはおいしいニンジンがとれる有名な産地だったのです。村山にんじんは味が濃厚で香りが強いのが特徴です。

しかし、長く伸びたニンジンを収穫するのは大変です。そのため栽培をする人は次第に減少し、最後には鈴木昌也さんただ一人となってしまったのです。

この地元の伝統野菜の危機を聞いて、村山にんじんの復活に取り組んだのが、地元の富岳館高校の生徒たちです。高校生たちは実際に村山地区で畑を耕し、村山にんじんを栽培しました。また、村山にんじんのゼリーなど加工品づくりを手掛けたのです。こうして、二〇一一年に始まった取り組みに

よって、まさに消えようとしていた地元の伝統野菜が再び光を浴びることになりました。

村山にんじんの復活を手掛けた高校生たちは卒業してしまいましたが、現在では地元若手農家らの手によって、村山にんじんの栽培は続けられています。

三島長人参／ニンジン（三島市）

「富士の白雪ャノーエー」の歌詞で知られる三島の民謡「ノーエ節」。かつてこのノーエ節とともに、箱根西麓の野菜は売られたと言います。江戸時代の東海道では、箱根峠を越えて三島の宿に入るまでの間に茶店を開いていました。ところが、明治時代に東海道本線が開通するようになると箱根峠を越える人は激減しました。そして、人々は生計を立てるために野菜を栽培するようになったのです。こうして開かれたのが、旧東海道の周辺にある「新田」と名のつく場所です。排水が良く土がやわらかい火山灰土壌では、ダイコンやニンジン、ゴボウなどの根菜類が長く伸びることができます。そのため、箱根西麓でとれる根菜類は「坂もの」と呼ばれて人気を博したのです。

ところが昭和初期の北伊豆地震で、産地は壊滅してしまいました。そして、平井源太郎という人物が、「ノーエ節」とともに、野菜を大々的に宣伝しながら売り歩き、「坂もの」の野菜を復活させたのです。現在でも三島西麓はダイコンやニンジンなどの産地です。ニンジンは戦前には国分系の長人参が栽培されていました。このニンジンは「箱根人参」と呼ばれて、全国的にも名高いものだったと言います。そして、戦後になると、食の洋食化に対応して、西洋系の短根五寸人参が「三島人参」と呼ばれて栽培されるようになりました。そうして、かつて人気のあった箱根人参は栽培されなくなったのです。二〇一二年に、JA三島函南の伊丹雅治氏らの努力により、大正時代の品種である国分鮮紅長人参を用いて箱根人参は復活を遂げました。現在では「三島長人参」として販売されています。

折戸《おりど》なす／ナス（静岡市清水区）

正月の初夢に見ると縁起が良いとされるものに「一富士、二鷹、三なすび」があります。

この由来は諸説があります。一説によれば、駿河の国に隠居した徳川家康が好きだった富士山、鷹狩り、初物のなすびに由来するとも言われています。また、別の説によれば、駿河の国の「高いもの」を並べたという説が有力です。富士は富士山、二番目は愛鷹山で、駿河の国の高い山が挙げられています。それではナスが高いものというのはどういうことなのでしょう。

じつは、これは初物のナスの値段のことなのです。

温暖な駿河の国では、江戸時代前期の慶長年間にすでに促成栽培が行われていました。

静岡市清水区にある三保半島は、促成栽培発祥の地として知られています。砂が堆積した三保半島は、作物を栽培するのには向いていませんでしたが、砂は地温が高くなるので促成栽培に向いています。そして温暖な気候を利用して、一株一株ていねいに手を掛ける促成栽培が行われたのです。もちろん、ビニールハウスなどありません。促成栽培は、馬糞や麻屑などの有機物の発酵熱で加温し、さらに株の回りを油紙障子で囲うという方法でした。そして、夏の野菜であるナスの初成りを正月にまで早めたのです。

慶長十七年（一六一二年）の旧暦の正月には、駿府の徳川家康に初物のナスが献上されたという記録があります。初成りのナスは、一個一両とも言われる贅沢品で、大名が縁起物として儀式に使ったり、将軍家に献上されるような高級品だったと言われています。中には、初物のナスが賄賂に使われることさえあったそうです。

この三保半島の折戸地区で栽培されたのが「折戸なす」です。折戸なすは丸い形をした丸なすです。その形は、京野菜で有名な賀茂なすとよく似ています。静岡県立大学丹羽康夫博士の調査では、折戸なすは、京都の賀茂なすや和歌山の紀州なすと極めて近縁で、深い関係にあることが分かりました。

家康の子で駿府城主から紀州徳川の開祖となった徳川頼宣は、駿河から紀州にナスの促成栽培技術を持ちこんだとされています。はっきりしたことは分かりませんが、このとき、折戸なすが紀州に運ばれて紀州なすとなり、また、紀州から京都の上賀茂神社に奉納されて、賀茂なすになったのではないかとも考えられています。

折戸なすは代々、将軍家に献上され、明治時代に大政奉還をした徳川慶喜が江戸から静岡へ移った後も、徳川家に贈呈されていました。しかし、いつしかそれも行われなくなり、やがて折戸なすも栽培されなくなってしまったのです。
現在折戸なすは「三なすび研究会」によって栽培が復活し、特産化が進められています。

井川《いかわ》なす／ナス（静岡市葵区）

ナスはインド原産の熱帯性の野菜です。そのため、高温多湿に強く、一方で寒さにあまり強くありません。

寒冷な東北地方では、小なすと呼ばれる小さなナスが多く見られます。夏の短い寒冷地では、ナスが大きくなるまでに固くなってしまいます。そのため、生育期間の短い小なすが栽培されたのです。

一方、静岡市葵区井川には、「井川なす」と呼ばれる大きなナスがあります。井川は標高の高い寒冷地です。しかし、山に囲まれた窪地では、夏の日中は平野部と同じくらいまで気温が上がります。そして、井川は雨が多く降る地域です。この高温多湿がナスの栽培に適しているのです。また、昼は気温が上がりますが、朝夕はぐっと涼しくなります。この昼夜の温度差が大きいということは、果菜類がおいしくなる条件です。昼間の温度が高いと、植物は光合成をして糖分をたくさん生産します。ただし、夜温が高いと、せっかく生産した糖分を呼吸で消耗してしまいます。夜温が低ければ、昼間たくわえた糖分が、果実に転流されるのです。

静岡市の井川地区はスイートコーンが甘いことで有名なのも、昼夜の温度差が大きいことが理由の一つです。

井川なすは、多湿で昼夜の温度差が大きい条件で、じっくりと大きくなっていきます。「ぼけなす」という言葉があるとおり、ナスは大きくなりすぎると、味がぼやけてしまって美味しくありません。

ところが、じっくりと大きくなる井川なすは、大きくなればなるほど、おいしくなると言われています。ただし、皮が固いので、皮は食べずに中身の部分だけをえぐって食べます。そして皮が固くなった頃に収穫して、生で食べるとリンゴの味がします。

井川に古くから伝わる「井川なす」は、近年では栽培されておらず、消失したと考えられていました。ところが、井川からお嫁にいった方が家庭菜園でひっそりと守り続けていたのです。現在では、この種が、井川に里帰りをして栽培が行われています。

見附《みつけ》かぼちゃ／カボチャ（磐田市）

現在の磐田市は、東海道見附の宿でした。江戸時代の資料には、「此所より富士の山初めて見ゆる」と記されています。見附の地名の由来はいくつかありますが、京から江戸に下るときに、富士山を最初に見付けられることから「見附」と名付けられたとも言われています。この見付の丘陵地帯では、安土桃山時代からカボチャの栽培が行われていたという記録が残っています。

カボチャの原産地はアメリカ大陸です。コロンブスの新大陸発見以降、ヨーロッパにもたらされたカボチャは、ポルトガル人によって日本にも伝えられました。

カボチャの名前は「カンボジア」に由来しており、おそらく寄港したカンボジアから日本にもたらされたと考えられています。こうして日本にカボチャが伝わったのが、安土桃山時代といわれていますから、磐田でのカボチャの栽培は、日本でも相当に古い歴史を持つと考えられます。

この見附に明治の初期に尾張地方から導入されたとされているのが、見附かぼちゃです。見附かぼちゃは平べったい形をしていて、ゴジラの背中を思わせるような、ゴツゴツした皮が特徴です。

磐田市の史跡の旧赤松家は、明治期に磐田原台地を開拓した海軍中将男爵赤松則良の邸宅跡です。この開拓で磐田原台地は茶園になりましたが、台地の下の開拓地では、カボチャが植えられていきました。かつて見附は一面にカボチャ畑が広がっていたと言います。戦後は学校給食にも使われた、地元の方々にはなつかしい味です。

ところが、戦後になるとアメリカから導入された西洋カボチャに取って代わられ、見附かぼちゃは次第に栽培されなくなっていきました。残念ながら見附かぼちゃは一時は滅んでしまいましたが、見附かぼちゃの会の鈴木文雄さんが、見附かぼちゃのふるさとである尾張地方を探索し、同じカボチャを見つけました。そして、種を譲り受けて見事に復活を遂げたのです。

今、私たちが食べている西洋カボチャは、甘味があり、栗のようにほくほくした肉質が特徴です。これに対して見附かぼちゃは甘味が少ないですが、肉質が粘質でねっとりしていて煮崩れしにくいので、煮物によく合います。

見附かぼちゃは、未熟なうちは緑色をしていますが、熟すとだんだんと白い色になっていきます。未熟なうちから、熟した実まで、その時期に応じて、味が変わっていくのも見附かぼちゃの魅力の一つです。

見附かぼちゃは控えめながら、上品な甘さが特徴です。フランス料理のシェフと畑を訪ね、見附かぼちゃを生で食べたときには、柿のような味がしてびっくりしました。料理人の話では、スープにするとてもおいしいようです。また、繊維が多く、フランス料理のシェフはサラダに仕立てました。見附かぼちゃは今、なつかしくて新しい食材として注目されています。

井川《いかわ》地這《じば》いきゅうり／キュウリ（静岡市葵区）

ある人は、井川では「キュウリは刺し身で食べる」と言います。しかし、キュウリはもともと生で食べるような気がします。また、ある人は「井川のキュウリは味噌汁の具にする」と言います。キュウリと味噌汁は合うのでしょうか。

しかし井川を訪ねて合点しました。じつは、井川地区で古くから栽培されるキュウリは、私たちが食べるキュウリとは種類が違うのです。細長いキュウリと違って、井川で栽培される地這いキュウリは、ずん胴で太いのが特徴です。

井川の地這いきゅうりは、水分を豊富に蓄えています。昔は山仕事のときに水筒代わりに持って行って、キュウリをかじって水分補給をしたと言います。それほど、水分が多いのです。輪切りにして食べると、とてもみずみずしく、なるほど刺し身で食べるというのもうなずけます。

また、皮が厚く、実がしっかりとしているので、火を通してもおいしく食べられます。そのため、味噌汁の具によく合うのです。

一言でいえば、昔のキュウリの味がします。しかし、昔のキュウリ特有の苦味の中にある甘味と旨味が井川の地這いきゅうりの魅力です。

井川の地這いきゅうりは、少し熟れて黄色みがかったものを収穫します。しかし、旬が長く、未熟なものから、熟したものまで食べることができます。

地這いきゅうりは、その名のとおり、もともとは支柱を立てずに、カボチャやスイカのように地面に這わせて栽培します。

未熟なうちは白っぽくて、黄色く熟すものや、熟しても緑色を保っているもの、緑色に黄色い縦じま模様があるものなど、少なくとも四系統があります。

井川の地這いきゅうりは、一番最初に実った果実を種採りに残します。在来野菜は種を受け継ぐことが、もっとも大切なことです。そのため、食べるよりも先に、まず次の年の種を確保したのです。

昔きゅうり／キュウリ（浜松市天竜区）

水窪では、七月の中頃を過ぎると、家の周りの畑で大きくなったキュウリを見つけることができます。それには印が付いており、そのうちに黄色く色づいていきます。キュウリは未熟なうちに収穫するため、黄色くなったものは、印が付いているものだけです。一番早く実をつけた中で最も大きいものに印をつけるそうですが、これは種採り用に、完熟するまで置いておくためで、とても大切にされています。果実が黄色から茶色になると、中の種が充実するので、種を採ります。

水窪町の中心に位置する神原地区で、昔から種を取り続けているキュウリがあります。このキュウリは、果実の根元に近い部分は緑色で、先端側は白く、黒いイボが特徴です。山間の大沢集落にも、受け継がれてきたキュウリがあります。これは神沢地区のものよりもっとずんぐりした果実をしており、皮が固いものの、風味が豊かです。

これらのキュウリは水窪では「昔キュウリ」と呼ばれ、クルミの和え物や粕漬けにして食します。また、黄色に熟れてから収穫し、酢の物として食べられています。

キュウリは春から夏にかけ三回種まきされ、暑い時期に食べられています。水窪の八月は、盆月と呼ばれ、「盆道作り」から「ウラボン」までさまざまな行事があります。上村では盆踊りで来客があると、ご馳走としてキュウリを出したと聞きました。この時は、なぜかクルミでなく、ゴマで和えたものだったそうです。

小浜《おばま》の丸瓜／シロウリ（焼津市）

港町、焼津では、近郊の農村からの引き売りが、新鮮な野菜を売り歩きました。そのなつかしい野菜の一つが丸いシロウリです。

ふつうのシロウリは長細い形をしていますが、高草山の麓では、まん丸いシロウリが栽培されていました。焼津の地元野菜の地産地消や食育に取り組んでいた食育サークルつるやの清水玲子さんは、なつかしい引き売りの野菜をたどり訪ねて、伊東さんが、ただ一人、焼津のシロウリの種を守り継いでいることを見つけました。

シロウリはマクワウリの変種であると言われます。

シロウリやマクワウリは、学名を *Cucumis melo* と言います。これは、メロンと同じ学名です。シロウリやマクワウリは、メロンと同じ仲間なのです。

メロンの祖先は、北アフリカが原産です。そこから、ヨーロッパへ伝わったものから、現在のメロンが作られ、インドに伝わったものからマクワウリが作られました。マクワウリはメロンの変種です。マクワウリの仲間は、かなり古い時代に日本に伝えられたと考えられ、縄文時代の遺跡からは、マクワウリの種子が見つかっています。

インドでは、このマクワウリからさらにシロウリが分化しました。シロウリは、日本には六～七世紀に伝来したとされています。

シロウリもまた、メロンと同じ仲間ですが、甘味が少ないので、昔から漬物にされてきました。焼津の白瓜も漬物として食べられています。

アールス・フェボリット／メロン（袋井市、磐田市、浜松市ほか）

果物屋の陳列棚の一番高いところに鎮座する静岡のマスクメロンは、果物の王様として知られています。静岡メロンは高価なものでは一個一万円以上もする高級メロンです。

この静岡メロンに用いられるのが、青肉のアールス・フェボリットです。

アールス・フェボリットは「伯爵のお気に入り」という意味です。アールス・フェボリットはイギリスのラドナー伯爵邸の農園長だったH・W・ワードによって十九世紀後半に育成されました。そして、ラドナー伯爵が大変気に入ったため、「アールス・フェボリット」と名付けられたのです。

日本で最初にマスクメロンの栽培が行われたのは、明治二十年（一八八七年）のことです。イギリスから何種類かのメロンが導入されて、明治政府直轄の内藤新宿勧業局農業試験場（現在の新宿御苑）で試作されたのです。静岡県では明治三十九年（一九〇六年）に静岡市清水区三保で温室メロンを栽培したのが、最初です。

大正七年（一九一八年）には、静岡県袋井市で塚本菊太郎氏、永井虎三氏、村松捨三郎氏らが温室栽培を始めたという記録が残っています。英国に留学した五島八左衛門氏が英国から導入した温室メロン栽培の技術を指導したとされています。これが、今日の遠州地域の温室メロン栽培の基礎となったのです。

静岡の温室メロンは、独自の方法で栽培されます。一つはスリークオーター型温室と隔離ベッドです。スリークオーターとは四分の三という意味です。この温室は、日光を採り入れやすいように、南側に屋根の四分の三、北側が四分の一という非対称の形をしています。また温室の中は階段状になっていて、南側の段ほど低くなっています。こうして温室内のメロンに均等に光が当たるようにしているのです。

そして、この上に長い容器を置いて土を入れて、その中でメロンを育てます。これが隔離ベッドです。メロンを育てる土は田んぼの土が良いとされていて、容器の中に田んぼの土をこねて入れてメロンを栽培しています。容器の中に入れた土でメロンを育てるのは、きめ細かい水管理で甘いメロンを作るためです。そして、一株に果実を一個だけ残して、大切に作られるのです。この高度なメロン栽培の基礎は、大正時代にはすでに確立されていました。

遠州地域でも多くのメロンが試作され、昭和五年（一九三〇年）には主にアールス・フェボリットが栽培されるようになりました。

アールス・フェボリットは、本国の英国では、栽培されていません。今や日本で栽培されているのみの貴重なものです。周年栽培に合わせて「春系品種」「夏系品種」「秋系品種」「冬系品種」など二十系統程度が種取りによって維持されています。

アールス・フェボリットの種子は門外不出とされていますが、北海道に持ち込まれて赤肉系の「スパイシー・カンタロープ」と交配され、新しい品種が作出されました。これが、今日の夕張メロンです。

コラム 初島の雑草メロン

高級デザートのイメージが強いメロンですが、日本には驚くことに「雑草メロン」と呼ばれるメロンがあります。

日本でメロンの栽培が始まったのは明治時代ですが、それ以前から日本にはメロンが伝えられていました。メロンの原産地は北アフリカから西アジアであるとされています。一部のメロンが栽培種として改良された傍らで、畑の雑草として発達したメロンがありました。その雑草メロンは、作物の伝播に伴って世界各地の畑に広がり、日本には弥生時代に渡来したのではないかと考えられています。雑草メロンは、ほんの小さな甘くない果実に、ぎっしりと種子が詰まっています。

不思議なことに、雑草メロンは一部の離島のみに分布しています。九州の島々から瀬戸内海を経て、伊勢湾の島々で自生が見られます。そして、熱海沖にある静岡県の唯一の離島である初島が、その分布の北限とされているのです。

雑草メロンは、今、各地で減少しています。残念ながら私たちの調査では、初島の雑草メロンを見つけることはできませんでした。メロンの歴史ロマンを今に伝える雑草メロンが、絶滅してしまわないように願わずにいられません。

白糸唐辛子／トウガラシ（富士宮市）

トウガラシは、中南米が原産です。

新大陸を発見したコロンブスですが、もともと彼の航海の目的は、インドからスペインへコショウを運ぶ航路を見つけることにありました。そのためでしょうか、コロンブスは新大陸で発見したトウガラシをコショウの一種と名付けました。

トウガラシは英語でホットペッパーと言いますが、これは「辛いコショウ」という意味です。いずれにしてもコロンブスの発見したトウガラシは世界の食文化に影響を与えました。インドのカレーはもともとコショウを主な香辛料としていましたが、現在ではカレーにトウガラシは欠かせません。イタリアのペペロンチーノ、タイのトムヤンクン、四川料理の麻婆豆腐、韓国のキムチなど、トウガラシは世界で食べられています。

トウガラシはもともと熱帯の植物ですが、静岡県では冷涼な山間地で古くから栽培されています。トウガラシを食べると体が温まります。そのため、トウガラシが食べられていたのです。静岡県に残るトウガラシの在来種は、辛いものや、辛くないものなど、さまざまですが、山間地では激辛な系統が残っています。

富士山のすそ野にある富士宮市の白糸地区に残る「白糸唐辛子」は、辛味の強いトウガラシです。しかもとても大きいのが特徴です。トウガラシは大きい品種はあまり辛くなく、逆に小さいものは辛

い傾向にあります。大きくて辛いトウガラシは、何だか食べにくそうです。

　白糸唐辛子が大きくて辛い理由は不明ですが、このあたりではトウガラシは、モグラ除けやネズミ除けに使われました。そのため、大きくて辛いものの方が使いやすかったのかも知れません。

　白糸唐辛子は、一軒のおばあさんが栽培しているのみでしたが、若い新規就農者である大沢農園の夫妻が種を引き継ぎました。現在では、若手の農家らが「白糸唐辛子の会」を結成して、種を守り育てています。

　白糸唐辛子は、地元の直売所で、醤油漬けと一味唐辛子が売られています。一味唐辛子は、ほんの少しで辛味がグッとくる絶品です。

水窪《みさくぼ》のなんばん／トウガラシ（浜松市天竜区）

七味唐辛子というと、長野県善光寺の門前にある八幡屋礒五郎が有名です。ところが、この八幡屋礒五郎に残る資料によると、その昔、七味唐辛子の原料となるトウガラシは、天竜川沿いから集められていたと記されているのです。しかし、天竜川沿いにトウガラシの大きな産地はありません。どういうことなのでしょうか。

かつて水窪は、遠州灘から信州へと続く「塩の道」が通っていました。塩の道は信州を通って富山まで続いていたのです。この塩の道を富山の薬売りが行き来していました。

浜松市天竜区の水窪では、昔は自家用に庭先にトウガラシを栽培していました。それを、富山の薬売りは薬を売った帰りに、家々をまわってはトウガラシを山ほど買って、背負って帰ったそうです。事の真相は明らかではありませんが、もしかすると、こうして天竜川沿いから集められたトウガラシが、八幡屋礒五郎の七味唐辛子の材料になったのかも知れません。

水窪ではトウガラシのことを「なんばん」と言います。大根や白菜を漬物にするのに、ユズとなんばんは欠かせないものとなっています。

夏に種を播いたダイコンやハクサイが、十一月頃になると採れます。この頃にユズも黄色く色づいてきます。比較的暖かいところを好む柑橘類の中で、ユズだけは標高の高い水窪でも育つのです。そして、軒先に乾かしておいたトウガラシや庭先から採ってきたユズをダイコンやハクサイの漬物に入れます。この二つを入れないと美味しい漬物とならないそうです。

山間地の水窪では現在、確認されているだけで三系統の在来種が確認されています。一つは、辛くない系統です。これは伏見に似ています。もう一つは、辛味が強い系統です。これは、実が長く、「どじょう南蛮」と呼ばれる系統に似ています。大沢に残るこの「なんばん」は、生育初期には果実が上を向いていますが、大きく赤くなってくると、下に垂れてきます。

そして三つ目が小粒で辛味が強い系統です。この系統は、ダイコンと一緒にすりおろしてもみじおろしを作り、里芋の田楽や、豆腐の田楽につけて食べます。

また、忘れてはならないのが、水窪の特産の「南蛮味噌」です。南蛮味噌は、青唐辛子を自家製の味噌に漬けこんで作ります。

唐辛子を漬けこんだ味噌は、峠を越えた長野県側の伊那でも見られます。しかし、伊那の唐辛子は、大きいので、刻んで味噌に入れます。一方、静岡県側の水窪の唐辛子は辛くて小さいので、丸ごと味噌に入れられるのが特徴です。

「男子、厨房に入らず」といわれますが、酒の肴にぴったりのこの南蛮味噌は、各家の主が作る男の料理でした。その味は、家庭によって異なり、今でもそれぞれの家に自慢の南蛮味噌があるといいます。

知る人ぞ知る、水窪の名産品です。

梅ケ島大野菜《おおのな》／カラシナ（静岡市葵区）

「大野菜」は「だいやさい」ではなく、「おおのな」と読みます。

「大野菜」はもともと、山梨県身延町大野地区で古くから栽培されている野菜です。身延地域と梅ケ島とは、四つの峠道で結ばれており、古くは人の行き来が盛んでした。静岡の街よりも、身延地域との交流の方が盛んであったと言います。梅ケ島温泉は、武田信玄の隠し湯としても、使われていました。そのため、戦国時代以降は、山梨との交流が盛んに行われていたのです。

大野菜が梅ケ島に伝えられた年代は定かではありませんが、古い時代に梅ケ島に伝えられたと考えられています。少なくとも明治以前には、梅ケ島では大野菜が栽培されていました。

大野菜はカラシナの一種です。

大野菜は、標高の低いところではうまく育たないとされています。まさに、標高の高い梅ケ島でこそ本来の味を発揮する山の野菜です。とても旨味の強いのが特徴です。

大野菜は旬の長い野菜で、収穫時期によって味が変わるのも魅力です。

小さな間引き菜は、味噌汁の具やお浸しなどにします。そして、株が大きくなると漬物にします。そのため、大きな株から間引きをするように順番に抜いて収穫します。こうして、大野菜は冬の間中、食べることができるのです。

一般に菜っ葉類はとうが立つと葉が硬くて食べられません。ところが大野菜は、とうが立っても葉

がやわらかいのが特徴です。とうが立って花が咲く直前が、しゃりしゃりした歯ごたえがあって一番おいしいと言う人もいるくらいです。

魚では「イナダ」「ハマチ」「ブリ」と名前と味が変わっていく出世魚がありますが、梅ケ島大野菜も、成長に応じて色や風味が変わっていく出世する野菜なのです。

水窪《みさくぼ》の昔菜っ葉／カラシナ（浜松市天竜区）

浜松市天竜区水窪町上村に昔からの菜っ葉を大事にされている人がいたと聞いたので、行ってみました。上村は水窪川の左岸で、水窪町の市街地を見下ろす景勝地です。遠州最北端の前線基地であった高根城も向かいに見ることもできます。急斜面に建つ家と段々畑は、水窪町ならではの風景ではないかと思われます。

息子さん夫婦がおられ、数年前に亡くなられたお母さんが大事にされていた菜っ葉が畑の隅にありました。これが昔菜っ葉です。昔菜っ葉はカラシナの一種で、赤味がかった大きく広い葉っぱが特徴です。

水窪町最北端の西浦地区の池戸にも、在来のカラシナが残っています。池戸は標高七〇〇メートル以上あり、信州から冷たい風を感じる寒いところです。ここでも畑の隅に種がこぼれカラシナが残っていました。ちぢれ葉でいかにも辛そうな菜っ葉です。

昔は、カラシナをたっぷり入れた味噌汁を蕎麦にかけて食べていたそうです。

阿多野《あだの》のとう菜／カブナ（小山町、御殿場市）

水かけ菜は、小山町や御殿場市の特産野菜として知られています。

水かけ菜は、三月の数週間しか出荷されません。まさに春を伝える野菜です。

稲が収穫された後の冬の水田に畝を高く立てて、富士山の湧水を引きこんで栽培されます。こうして豊富な湧水を掛け流して栽培されることから、水かけ菜と呼ばれているのです。水かけ菜は、とうが立ちはじめたやわらかな花茎を収穫することから、もともとは「とう菜」とも呼ばれていました。

菜っ葉類は気温が寒いと葉が凍らないように糖分を蓄積するので、気温が低いほど甘くなります。しかし、あまりに気温が低すぎると、菜っ葉類は育つことができません。ところが、湧水は水温が安定しているので冬の水温は気温よりも高くなります。そのため、寒い冬の間も水を流すことで保温され、厳寒期の中で水かけ菜が育つことができるのです。このように水によって保温して菜っ葉を育てる技術は、すでに室町時代から考案されていたといわれています。

そして、水かけ菜は収穫後に田んぼにすきこまれて、稲の肥料となるのです。

現在、栽培されている水かけ菜は、明治十九年に小山町の阿多野地区の戸長である喜多長平治氏が越後の国から種子を持ち帰ったのが始まりとされています。

阿多野地区は、富士山の火山灰が堆積した土壌です。水かけ菜は、火山灰土壌で育てると甘くて風味の良いものができるといわれています。

しかし、火山灰土壌は雨水がしみ込んでしまいます。川は谷の深いところを流れ、火山灰土壌が堆積してできた台地では、水を得ることができなかったのです。そこで江戸時代の前期に江戸材木町の石屋喜多善左衛門と湯舟村名主の池谷市左衛門の二人が新田開発事業として阿多野用水の工事に着手しました。その距離は十九キロにもなります。この新田開発で入植した十三軒に阿多野用水の水利権が与えられました。稲作のために多くの農家に水利権が与えられた現代でも、水かけ菜を作るための冬水の水利権は、一部の農家にしか与えられていません。

江戸時代の中頃には、宝永の大噴火があり、火山灰は用水を埋めてしまいましたが、災害を乗り越えて、阿多野用水は守り伝えられてきたのです。

今も残る阿多野用水は、山の岩を手掘りで掘り抜いたいくつもの隧道を通り抜けて水を送っています。ノミの後が残る隧道は、新田開発に懸けた古人の思いを今に伝えています。

こうして先祖たちが切り開いた豊かな湧水の田んぼで、水かけ菜は今も守り伝えられているのです。

岩をくりぬいた隧道から水かけ菜の田んぼに水が引かれている

須津《すど》のあぶら菜／アブラナ（富士市）

アブラナの仲間は、在来種が残りにくい野菜です。

アブラナ科は、自分の花粉では種ができずに、必ず他の株の花粉が受粉しないと種をつけることができない性質を持っています。

アブラナ科の菜っ葉類は、コマツナやカラシナ、キャベツ、ハクサイ、カブなど、さまざまな種類がありますが、種類が違ってもそれぞれ交雑します。そのため、種を採り続けているつもりでも、いたずらなハチが他の野菜の花粉を運んできてしまうと、交雑して雑種になってしまうのです。花粉を運ぶミツバチは、半径二～三キロメートルは飛翔するため、遠くの畑からも別の野菜の花粉が運ばれてきます。

また、最近ではセイヨウカラシナというアブラナ科の雑草が、川の土手などに繁茂して黄色い花を一面に咲かせています。この雑草も、アブラナ科野菜と交雑することができるので、アブラナ科の野菜の種を守り続けるのは大変なことなのです。

ところが、富士山麓と愛鷹山の間の谷筋の畑で、奇跡的に交雑を逃れて昔からのアブラナが残されていました。

アブラナには江戸時代から栽培されていた在来のアブラナと、明治時代に日本にもたらされた西洋アブラナ（ナタネ）がありますが、須津のアブラナは、セイヨウアブラナです。セイヨウアブラナは、自分の花粉でタネを作る性質を持っているため、交雑しにくかったということも考えられます。

このアブラナはもともと、沼津市の谷中で栽培されていたものですが、昭和二十三年に富士市の須津地区にもたらされました。

「油菜」というように、古くはアブラナは、行燈の油を取るために栽培されました。昔は春になると一面に菜の花畑が広がっていたのです。ところが、今ではそんな風景もすっかり見られなくなってしまいました。

現在では須津のアブラナは、つぼみを食べるナバナとして食べられています。ナバナはさまざまな種類がありますが、須津のあぶら菜は、えぐみがほとんどなく、おいしいナバナとして地元の方々に愛されています。

井《い》川《かわ》かき菜／アブラナ（静岡市葵区）

かき菜はアブラナの仲間です。若芽を掻きとって食べることから「掻き菜」と呼ばれています。かき菜は万葉集にも記されている古い野菜です。

井川に残るかき菜は不思議な味がします。

カラシナのような辛味はありませんが、一口目はえぐみのような苦味のようなものを強く感じられます。ところが、二口目からはだんだんえぐみが気にならなくなり、色々な味が感じられるようになるのです。単純に甘いとかおいしいとか言うような味ではありません。しかし、不思議とやみつきになる味です。「苦くて甘ぼったい、何とも言えない良い味」というのが、地元の方々の評判です。

井川地区では、ゆでてから味噌をつけて食べられています。

在来にら／ニラ（県内各地）

静岡県では分かっているだけで「井川にら」「玉川にら」「滝沢にら」「柚野にら」「牧之原在来」の五種類の在来にらが知られています。

餃子やニラレバ炒めなど、中華料理のイメージが強いニラですが、実際には古事記や万葉集にも記されている古い野菜です。

ニラは、もともとミラと呼ばれていました。ミラは漢字で美辣と書きます。これは、「美味しい」という意味です。しかし、他においしいご馳走はいくらでもあるのに、どうしてニラに「美味しい」という称号が与えられたのでしょうか。

当時のニラの味は知る由もありませんが、フランス料理やイタリアン、和食の料理人の皆さんにお集まりいただいて、県内の在来作物の試食会をしたときに、すべての一流の料理人の舌をもっとも唸らせたのは、在来のニラでした。

そのニラは、まったくニラ臭さがなく、何とも言えないやわらかい甘味があるのです。生のままサラダで食べることができる在来のニラに、料理人たちは色めき立ちました。さらに、料理人たちによれば、少し火を通すと、その甘味はさらに増すと言います。そこには、まさに「美辣」と呼ぶにふさわしい野菜があったのです。

実際には、在来のニラの中には、ニラ臭さがまったくない系統がある一方で、ニラ臭さが強い系統、

ニンニク芽に似た味の系統など、いくつかの系統がありますので、今後の整理が必要です。

在来のニラの多くは、畑の真ん中ではなく、畑の隅に見つかります。また、玄関の前に雑草のように生えていたものもあります。富士宮の柚野にらは、昔から家の近くの田んぼの畦で育てられていました。

ニラは丈夫で、世話をしなくても種がこぼれてどんどん増えていきます。そして、次々に葉が出てくるので、一度、植えておけば、放っておいても手間を掛けることなく何度でも収穫することができるのです。こうして残っていた在来にらが、今、脚光を浴びているのです。

中島ねぎ／ネギ（静岡市駿河区）

関東では、香りが強く歯ごたえの良い白ネギが好まれます。これに対して、関西ではやわらかく彩りの良い青ネギが好まれます。

冬の寒さの厳しい関東では、寒さから守るためにネギに土を寄せて育てました。そして、土のかぶった部分に白いネギが作られました。一方、暖かい西日本では、暑さに強い葉ネギが栽培されたのです。

それでは、関東と関西の中間にある静岡県では、どうでしょうか。蕎麦の薬味を調査すると、白ネギと青ネギの境界は、箱根あたりにあるとされています。

静岡市の蕎麦屋では、もともとは青ネギを薬味として出していましたが、最近では東京の影響で白ネギを出すお店も増えてきています。静岡市の海岸に近い地域で栽培されていた中島ネギは、別名を「東京ネギ」と言い、終戦直後に東京から持ち込まれたとされています。

俗に白ネギと言いますが、もともと白いわけではありません。土をかぶせて光を当たらないようにして、白くするのです。それでは、白ネギに光を当てて育てるとどうなるのでしょうか。

中島ネギは土寄せをして栽培されましたが、青ネギを栽培する静岡では、土を寄せずにそのまま栽培されることもありました。太陽の光をあてて育てれば、白ネギも青々としたネギになります。こうして、中島ネギは青い太ネギとして栽培されたのです。

現在では、興津農園の興津さんが、家に伝わる中島ねぎを守り育てています。
シャキシャキした白ネギの食感と、やわらかな青ネギの食感を併せ持つ不思議な中島ねぎは、最近、静岡の蕎麦屋さんで新たな薬味として注目されています。

二段ねぎ／ネギ（静岡市葵区）

静岡市葵区井川には、二段ねぎや二階ねぎと呼ばれるネギがあります。

ふつうのネギは、花茎の先端にネギ坊主を付けて、花を咲かせますが、二段ねぎは花茎の先端にむかごをつけます。そのむかごから子ねぎが生えてくるのです。

ネギの花茎の先端から、子ねぎが生えているようすが、二段になっているので二段ねぎと呼ばれています。

標高の高い井川で栽培された二段ねぎは、甘味が強いのが特徴です。一口目は、果物のナシのような甘味が広がります。そして、段々と、ネギの辛味が追いかけてくるのです。しかし、二段ねぎの辛味は、嫌味のある辛さではなく、さわやかな清涼感のある辛味です。さっと、ゆでるとさらにネギの甘味が強まります。

地元では、酢味噌でぬた和えにして食べられます。

与《よ》物《そう》次《じ》ねぎ／ネギ（焼津市）

焼津市に与物次という地名があります。与物次は、この地を拓いた人の名前です。大井川の氾濫原であった志太平野では、江戸時代に新田開発が盛んに行われました。そのため、志太平野では、あちらこちらに開拓者の名前が残されています。

与物次にある八幡宮では、変わった信仰が残っています。与物次の八幡宮は安産の神様です。この安産祈願のときに、底なしの杓や底なしの財布を奉納するのです。

そして、この地に古くから伝えられてきたのが、与物次ねぎです。

与物次ねぎは、黄味を帯びたやわらかな緑の葉色が特徴です。食感がやわらかく、香りや味が良いネギです。味の良いネギなので、「種を広めないように」と、長い間、その種は門外不出とされてきました。

与物次は、限られた面積の小さな村でしたが、かつては盛んに与物次ねぎが栽培されていました。しかし、都市化が進み、区画整理が進む中でネギを栽培する畑は見る見るなくなっていってしまいました。

今ではわずかに、山田清市さんのお宅で自家用に栽培されているだけです。

中新田の地ねぎ／ネギ（焼津市）

かつて焼津市の中新田では、多くの農家でネギを栽培していました。

今では都市化が進み宅地に囲まれた増田京一さんの畑では、今もこの地ねぎが作り続けられています。「種は家の中に入れるものではない」「種が実ったときが植え時」というお義母さんからの教えが今も受け継がれています。

かつて志太地域は、全国一のトマトの産地でした。増田さんは若かりし頃、他の農家に先駆けてビニールハウスのトマト栽培を始めた先駆者です。そのときは現在のパイプはないので、岡部の山まで竹を刈りに行って、竹でビニールハウスを作ったそうです。

しかし、現在では志太地域のトマトの生産農家は減ってしまいました。増田さんのお宅では、トマト栽培をやめてしまったビニールハウスの中で、昔ながらの地ねぎが栽培されています。

中新田の地ねぎは、非常に生命力が強いネギです。繁殖力が旺盛で、次々に分げつして増えていきます。ただし、成長が旺盛で、根っこを深く張るので、抜き取って収穫が大変なのだそうです。

しかし、この生命力の強さからか、鮮度が落ちにくく、いつまでもみずみずしいのが、中新田の地ねぎの特徴です。通常はネギを輪切りにすると、しなびて輪の形がつぶれてしまいます。ところが、中新田の地ねぎは、細かく切って刻みネギにしても、しなびることなく、きれいな輪の形を保つため、お蕎麦屋さんに人気なのだそうです。

万能ネギは、シャキシャキとした歯ごたえがありますが、中新田の地ネギは、ぬめりが強く、やわらかな食感が特徴です。また、甘味が強く、ふわっとした良い香りがします。
増田さん夫妻は、水加減に気を配り「野菜の顔を見て水をくれる」と言います。中新田のネギはやわらかいので、やわらかくなりすぎないように、それでいて、やわらかさを失わないように、水の量を調節しているのです。
中島新田の地ネギはハウスで一年中栽培されています。ネギは、葉がやわらかい冬が旬の野菜ですが、もともとやわらかい中新田の地ねぎは、むしろ夏がおいしく食べる旬だと増田さんは言います。生命力の強い中新田の地ねぎは、強い太陽の光を浴びて、より香りの高いネギになるのです。

篠原の白玉ネギ／タマネギ（浜松市西区）

静岡県で栽培される農作物の生産品目は一六七品種と、日本一の品目数とされています。その多くが、浜松を中心とした静岡県の西部地域で栽培されています。

大正時代に、郡立農事試験場があった浜松では多くの野菜が導入され、さまざまな野菜の産地が形成されていきました。現在、遠州地域の特産となっている白ネギ、エシャレット、エビイモ、セロリ、パセリなどがその例です。

遠州地域の特産である「白玉ネギ」もその一つです。白玉ネギは特に浜松市の篠原地区で栽培されています。白玉ネギは一般に春になってから出荷されますが、浜松の白玉ネギは、全国のどこよりも早く一月から三月に掛けて出荷されます。そのため、「春を呼ぶ野菜」と言われています。

浜松の白玉ネギは、平べったく色が白いのが特徴で、新玉ネギやサラダオニオンとも呼ばれます。辛味が少ないので、サラダなどに適しているのです。

もともとはフランスの品種で、「ブラン・アチーフ・ド・パリ」という品種名です。「フラン」はフランス語で「白」、「アチーフ」は「早熟の」という意味があります。この白玉ネギは大正の初期に愛知県の知多半島に持ち込まれ、「愛知白」という名前で栽培されました。そして、大正後期になって、遠州地域にもたらされたのです。

滝ノ谷みょうが／ミョウガ（藤枝市）

ミョウガは「茗荷」と書きます。

昔、周梨般特という釈迦の弟子がいました。彼は頭が悪く、お経はおろか自分の名前さえ覚えられません。そこで、いつも名前を札に書いて首から掛けていました。そして彼の死後、墓から生えてきたとされた草は、「茗荷」と名付けられました。荷物のように自分の名前を首から掛けていたことにちなんで「名を荷う」とされたのです。

釈迦の弟子の墓からミョウガが生えてきたとされるくらいですから、ミョウガは歴史の古い作物です。インドや中国がミョウガの原産地であると考えられていますが、中国やインドには、ミョウガの自生が見られません。一方、日本の山野には広くミョウガが自生しています。そのため、ミョウガは日本原産の野菜であるとする説もあります。

ミョウガは栽培する場所を選ぶ作物です。

まず、水はけの良い場所を好みます。土の中の水分が多いと地下茎が腐ってしまうのです。ただし、乾燥には弱いので、一年中、湿り気のある場所を好みます。さらに、もともと、半日陰に生育する植物なので、強い日光を嫌います。

こんなわがままな野菜の条件に、もっとも適した場所が谷です。川の近くの谷筋は水分がたくさんありますが、傾斜なので余分な水は流れ落ちます。そして、谷筋は山の影になっていて日当たりも強

すぎないのです。そういえば、東京には「茗荷谷」という地名もありました。

紅葉の名所として知られる藤枝市の滝ノ谷不動峡の渓谷の北向きの斜面には、昔からのミョウガが栽培されています。

滝ノ谷みょうがは晩生の秋ミョウガです。さっぱりとしたミョウガは初夏の味覚のイメージがありますが、滝ノ谷みょうがは、夏の間も涼しい渓谷で、じっくり、ゆっくりと育ち、丸々と太って秋に収穫されます。そのため、香りも強く味が濃いのが特徴です。

井川《いかわ》みょうが／ミョウガ（静岡市葵区）

ミョウガというと薬味くらいにしか使い方が思い浮かびません。どうしてもなくてはならないというほどの野菜ではないのです。

ところが、静岡市山間地にある井川では、ミョウガはとても大切な作物でした。

井川は急峻な山に囲まれ、田んぼを拓くことが難しい場所でした。そのため、イネを栽培することができなかったのです。米の代わりに雑穀やソバを栽培しましたが、困ったのは藁《わら》です。昔は藁を使って、むしろを編んだり、俵を作ったり、蓑を作ったりとさまざまな用途に使われました。ところが藁がないため、山のススキなどを藁の代わりに使ったのです。

ところが、野菜の束など小さなものを縛るときには、山のススキでは固すぎます。そこで、藁の代わりにミョウガの茎を使いました。

ミョウガは山でも自生しているので、食べるだけであれば、山から採ってくれば良いだけですが、茎も利用できるため、井川では畑でたくさん作られています。そして、たくさん作られたミョウガは、味噌汁にたっぷり入れて食べられるのです。

遠州の裏赤紫蘇《うらあかじそ》／シソ（浜松市天竜区）

シソは、種を播かなくても、こぼれた種が芽を出して増えるので、各地で農家の庭先や畑の片すみに在来種が残っています。

シソは漢字で「紫蘇」と書きます。昔、食中毒にかかり、今にも死にそうな少年に、旅の医者が持ってきた薬草を煎じて飲ませたところ、たちまちのうちに死の淵から蘇ったといいます。この薬草が「紫蘇」です。この中国の伝承にもとづいて「蘇る」という名前がつけられているのです。

「紫蘇」と書くように、シソは紫色をしています。ただしシソには、葉が赤紫色をした赤ジソと、葉が緑色をした青ジソとがあります。赤ジソももともとは緑色をしていますが、赤紫色の色素であるアントシアニンを豊富に持っています。そのため、葉が赤紫色に見えるのです。ところが、遠州地方で古くから栽培されているシソは、葉の表が緑色をしているのに対して、葉の裏が赤紫色をしています。これが「裏赤ジソ」です。赤ジソの持つアントシアニンという色素は、酸性になると赤く発色します。そのため、梅干しの色を赤くするために用いられます。

葉の裏だけが赤い裏赤ジソの方が、赤ジソよりも梅干しの色が良くなると言われていて、好んで使われています。特に、裏赤ジソは、梅雨の晴れ間に収穫すると、葉の裏の赤色が鮮やかで、梅干しの色がよくなるとされています。

大井川生姜／ショウガ（焼津市）

大井川の堆積によって作られた志太平野は、戦国時代末期から江戸時代にかけて多くの新田集落が拓かれましたが、古くは大井川の氾濫に苦しめられてきた地域でした。

この地域では、「舟形屋敷」や「舟形集落」と呼ばれる独自の洪水対策が発達してきました。舟形屋敷や舟形集落は、大井川の洪水から家を守るために、屋敷や集落の上流側に三角形に土手を築いたのです。この土手を固めるために木や竹を植え、そして先祖代々の墓を土手の上に祀りました。これは、水のこない土手の上に大切な墓を置くという意味と、祖先に家を守ってもらうという意味があったと考えられています。

この独特の三角形の土手で濁流をやり過ごすその姿が、川の流れをさかのぼる舟のようなので、舟形屋敷と呼ばれているのです。

焼津市相川の川村さんのお宅は、本家と分家の二軒を守るように、土手が作られています。これは、ロの字型と呼ばれて、たいへん珍しい形です。

この土手に深く穴を掘ってショウガを埋め込み、たっぷりのもみ殻を入れて、その上に藁を敷きます。こうして冬の間、保存されるのが、この地で古くから栽培される大井川生姜です。

ショウガはインド原産の熱帯性の植物で、冷蔵庫で保存すると腐ってしまうほど、寒さに弱い野菜です。そのため、土手の深いところに埋めて、冬を越したのです。

また、ショウガは水はけの良い土地を好むため、山の斜面や、砂質の土壌を好みます。

大井川の周辺は、伏流水が豊富な土地ですが、川から運ばれてきた砂利が堆積しているので、表面は水はけの良い環境です。そのため、生姜に適しているのです。

大井川生姜は中生姜でパンチのある強い辛みが特徴です。焼津港のカツオや大井川港のシラスなど、この地域は海産物の豊富なところで、地元の方々は大井川ショウガが大好きだと言います。

最近では、地元のレストランの手により大井川生姜を使った「大井川ジンジャーエール」が、静かなブームとなっています。

井川の山稗《やまんべえ》／ヒエ（静岡市葵区）

雑穀というとヒエやアワを思い浮かべますが、作物として育つ環境は異なります。ヒエは田んぼに生える雑草のヒエの仲間です。そのため、ヒエは、水気があり、湿った場所を好みます。一方、アワは道ばたに生えるエノコログサの仲間です。そのため、乾燥した場所を好み、日照りに強いのです。

大井川上流の井川は、かつてヒエが主食とされてきました。井川は、夏に雨が多く、冷涼な気候です。そのため、ヒエの栽培が適していたのです。

ヒエは、山の斜面の焼き畑で栽培されていました。山の焼き畑で栽培されていたヒエは山稗（やまんべえ）と呼ばれています。井川は、栽培しているヒエの種類が多いことで知られています。

標高差のある急峻な山々を望む井川では、標高に合わせてヒエの種類を変えて栽培していたのです。また、ヒエが実る限界の標高は一二〇〇メートルであるとされていますが、井川は、その限界に近い七〇〇～一二〇〇メートルの範囲でヒエが栽培されていました。井川は、全国的に見ても、もっとも標高の高い場所でヒエが栽培されている地域だったとされています。そして、ヒエの栽培を広げるために、限界標高である一二〇〇メートルよりも高いところでもヒエが栽培されていきました。

ヒエの種採りは、収穫前に最初に実った穂を採っていきます。こうして早生の系統を選抜しながら、より標高の高いところで栽培できるヒエが改良されていったのです。「頭の一番あかるんだところを

栽培が復活した「けっぺー」

三回取るともっと早生になる」と言い伝えられています。

標高一〇〇〇メートルで栽培されていたヒエは、「おおつぼ」や「白びえ」と呼ばれるヒエです。また、一〇〇〇メートル付近では早生の「きりしたびえ」や「わせなんがく」、九〇〇メートル以上では晩生の「きりしたびえ」が栽培されました。しかし、現在では、高い山での焼き畑は行われなくなり、これらのヒエは失われてしまいました。

現在、山稗で唯一残っているヒエは、標高九〇〇メートル以下で栽培されていた「けっぺー（けびえ）」です。けっぺーは「毛稗」の意味で、その名のとおり、のぎが長いのが特徴です。けっぺーは、焼き畑の二年目にアズキと一緒に混播されました。

けっぺーは、絶滅したと思われていましたが、静岡市文化財課で雑穀の研究をする多々良典秀さんが、畑の隅でこぼれ種が一本だけ芽を出しているのを発見しました。現在、そのけっぺーが大切に育てられています。

しょうがびえ／ヒエ（静岡市葵区）

静岡市葵区井川では標高の高い山で焼き畑で作ったヒエを「山稗（やまんべえ）」というのに対して、畑で作ったヒエを「かいと稗《べえ》」と言います。畑では夏の間はヒエを作り、冬にはコムギを作って二毛作をしました。

かいと稗として栽培されたヒエは、しょうがびえという種類です。しょうがびえの名前は、葉っぱがショウガの葉のように広くて大きいことに由来しています。

畑で作られるしょうがびえは、田んぼのイネと同じように苗を移植して栽培します。まず、苗床に種を播いて苗を作り、田植えと同じように畑に苗を植えていくのです。こうして苗を作って育てるのは、それだけヒエが大切な食べ物だったということです。

ヒエは稗飯にして食べます。

稗飯というと、米にヒエを混ぜたものを言いますが、井川ではいろりの鍋でヒエだけの稗飯を炊きました。ヒエは米の飯のようにおむすびをにぎることができません。そのため、杉の皮を曲げて作った曲げ物に入れて食べました。これが、井川名産として知られる井川めんぱです。

また、ヒエの粉をついて、お湯で練ってから茹でたものを焼いて団子を作りました。これが「へーだんす」です。「へーだんす」は「ひえだんご」という意味です。ひえだんごは、はちみつや味噌をつけて食べました。

稗は「のぎ偏」に「卑しい」と書きます。ヒエは米に比べると粗悪な食べ物とされてきたのです。しかし、今ではヒエなどの雑穀は健康食として大人気で、米よりも高い価格で売られています。今の時代にはヒエ百パーセントのご飯というのは、相当なぜいたく品です。

長者の粟／アワ（南伊豆町）

南伊豆町には「粟の長者」という民話があります。それはこんなお話です。

『昔、働き者の貧しい男がいた。ある夜、男は広い荒れ地に白い馬が現れて、金に輝く粟の穂を食べている夢を見た。目を覚ました男は、夢の場所が、蛇野が原という場所にそっくりなことに気が付いた。そこで、蛇野が原へ行ってみると、そこには、夢でみた白い馬が、金の粟の穂を口にくわえていた。これは夢のお告げに違いないと思った男は、蛇野が原の荒地を耕して、金の粟の穂を植えた。この、粟の穂は見事に実り、大豊作となった。そして、男は「粟の長者」と呼ばれる長者となり、「蛇野が原」は「長者が原」と呼ばれるようになったのである。

しかし、話は終わらない。

村が飢饉に見舞われたとき、贅沢に慣れた男は、粟は自分のものだから一粒もやらないと欲張った。すると、何万匹ものネズミたちが長者の倉の中の粟を食べ尽くし、あのときの白い馬に姿を変えて天へと昇って行ってしまった。そして、男は再び貧しい百姓に戻ってしまったのである。』

この話は、一九八〇年に、テレビの「まんが日本昔話」でも放送されました。また、昔話に登場する「長者ケ原」という地名は今でも残っています。

そして、この物語の舞台となった伊浜地区で、昔の粟が見つかったのです。ときに真実は、物語よりもドラマチックです。

伊浜家の旧家、肥田公太郎さん宅では、昔から直径六センチほどの、漆塗りの木箱が家宝として伝えられていました。そして、「粟がなくなったときに、同家で生まれた男子の手で開けるように」と伝承されていたのです。その家宝の箱を開けると、中からは三本のアワの穂が出てきたのです。

このアワがいつから伝えられていたのか、定かではありません。しかし、明治十二年生まれの肥田さんのお父さんも、箱の中身は知らなかったと言いますから、どんなに少なく見ても、一〇〇年は経っている種だったのです。

一九八八年に、静岡県農業試験場（現在の静岡県農林技術研究所）が六〇〇粒の種を培養室内で大切に播いたところ、そのうち一粒が芽を出しました。そして、この伝説の「長者の粟」は、はるかな時を超えて見事に復元したのです。

このアワは太い穂の先が四又、五又に割れて、猿の手のようになっていることから「猿の手形」や「猿手の粟」とも呼ばれています。

長者の粟は、現在、「リバイブ一〇〇」という名称で、地場産品の開発が行われています。

昔話として残る「粟の長者」の伝説

田代諏訪神社の粟／アワ（静岡市葵区）

江戸時代後期に記された書物「駿河記　上巻」に「人絶たる霊地の池から流れ出る渓川」と記され、「この川常に殺生を禁ず」と言い伝えられている渓谷があります。

それが明神谷です。静岡市葵区井川の明神谷は、今でも神聖な禁断の地とされています。昔から釣りのできない禁猟区とされていて、女人禁制と伝えられています。

この明神谷では、一年のうちのたった一日、八月二十日にだけ釣り糸を垂れてヤマメを釣ります。そして、このヤマメを田代諏訪神社に供えるのです。

このヤマメからは、やまめ寿司が作られます。この寿司に使われるのは、米ではなくアワです。昔は、アワは焼き畑で行われましたが、現在では焼き畑は行われていません。しかし、神に供えるやまめ寿司に用いるアワだけは、現在でも焼き畑で栽培されています。かつては、山で栽培されていましたが、現在では畑の一部を焼いて、アワの種が播かれています。

栽培するアワは、「さかあわ」という品種です。アワの種は、田代諏訪神社を祀る田代の集落で代々、受け継がれてきました。

さかあわは、早生の品種なので、祭りの前の八月十日頃には収穫されます。そして、収穫されたアワを、ヤマメの腹に詰めて漬け込むのです。これがやまめ寿司です。

もともと寿司のルーツは、ご飯を食べるためではなく、魚にご飯を詰めて発酵させ、魚を保存する

焼き畑で栽培したアワを使って作られる「やまめ寿司」

ためのものでした。琵琶湖の鮒寿司は、この寿司の古い形を今に残すものと考えられています。

やまめ寿司は、米の代わりにアワを使います。ただし、やまめ寿司は、漬け込むのは一日だけで発酵させることはありません。このやまめ寿司は、古い時代の寿司の製法を今に伝えているものと考えられています。

神前に祀られたやまめ寿司は、豊穣をもたらす供物とされました。このアワは、害虫退治に効果があるとされており、ヒエやアワの葉にヨトウムシがついたときには、やまめ寿司を作るときに余ったアワをとっておき、水といっしょに畑にまくとヨトウムシが落ちたと伝えられています。

井川の粟類／アワ（静岡市葵区）

「猫の手も借りたい」という言葉がありますが、大井川上流部にある静岡市葵区井川には「猫の足」があります。このアワは、猫の足の指のように、穂の先が分かれています。そのため「ねこあし」と呼ばれているのです。

また井川には、「爺喜ばせの婆泣かせ」と呼ばれるアワもあります。

このアワは、一見すると豊作のように見えますが、脱穀するといくらも実が採れません。そのため、アワを収穫した爺は喜ぶのに対して、脱穀する婆はがっかりするというのです。この「爺喜ばせの婆泣かせ」には「白もち」や「米もどし」という言い方もあります。

井川では、この他にも、「甲州あわ」「さかあわ」があり、全部で四種類のアワが今でも栽培されています。

穂先が猫の足のように分かれている「ねこあし」

弘法《こうぼう》きび／シコクビエ（静岡市葵区）

桃太郎がお腰につけた「きびだんご」はおなじみですが、井川で「きびだんご」と呼ばれているものは、見た目がかなり違います。

形は平べったく、色は黒っぽい色をしています。そして、柏餅のように葉っぱでくるまれているのです。

井川のきびだんごは、実際にはキビではなく、「弘法きび」と呼ばれる雑穀で作ります。弘法きびの粉を米粉とあわせて団子にして蒸します。そして、ホオの葉でくるんで焼いて食べるのです。弘法きびなどの雑穀で作った団子は火が通りにくいので、丸くせずに、ひらべったくします。こうして、作られるのが井川の「きびだんご」なのです。

井川のきびだんごは、香ばしくて、初めて食べてもどこかなつかしく、体に沁みる風味があります。くるんだ葉っぱは、剥きにくいですが、やわらかなホオの葉を使っているので、葉っぱごと食べてしまっても、こげた葉っぱが香ばしくて一興です。

また、そばがきのように、弘法きびの粉をお湯で溶いた「かきこ」もよく食べられます。

弘法きびは正式には、「シコクビエ」と言います。

「弘法きび」というのは、大井川上流の静岡市井川での呼び名です。これに対して、安倍川上流の静岡市梅ケ島では「弘法びえ」と呼ばれることもあります。しかし、シコクビエはキビの仲間でもヒエ

の仲間でもなく、畑の雑草のオヒシバの仲間です。

シコクビエは、雑草のオヒシバのように穂先が笠の骨のように分かれるのが特徴です。シコクビエの名の由来は、弘法大師にゆかりのある四国に由来するという説と、収量が多く四石穫れるからという説とがあります。

静岡市梅ケ島では、シコクビエのことを「からんべえ」と言う言い方もします。これは「唐の稗」という意味です。梅ケ島では、旅の上人が「日照りが続いたときにこれを播くように」と種を置いていったという伝説が残されています。

シコクビエの原産地は、東アフリカであるとされており、古い時代に世界に広まりました。日本に伝来した年代は明らかではありませんが、縄文時代以前に伝来していたと考えられています。縄文時代にははるか遠く東アフリカから伝わった作物が、すでに日本で栽培されていたのです。

シコクビエは、直接、畑に種を播くのではなく、苗床で苗を育てて、苗を畑にていねいに植えていきます。このようなシコクビエの栽培はネパールの山岳民族にも見られるそうです。一説によると、苗を作って田植えをするイネの栽培技術は、このシコクビエの栽培技術がもとになったのではないかと言われています。

現在では、シコクビエは全国的にもほとんど栽培されていませんが、静岡市井川では、今もシコクビエの伝統的な栽培が守り伝えられています。シコクビエの苗を植えるときには、山の草を刈ってきて、土の中に敷いていきます。こうして緑肥にするのです。静岡県では、茶園に山の草を敷く茶草場農法が今も広く行われています。この伝統農法は、二〇一三年に国連により世界農業遺産に登録されました。

山草を使う静岡市井川でのシコクビエの栽培は、この茶草場農法のかなり古い形態であると考えられます。

志太糯《しだもち》／イネ（焼津市）

かつて大井川は、南アルプスの土砂を運びながら、いくつもの分流となり広大な平野を作り上げていきました。こうしてできたのが志太平野です。

きれいな水のことを「し水」と言うように、「し」にはすばらしいという意味があります。「志太」は、「し田」に由来します。つまり、すばらしい田んぼという意味なのです。

志太平野は静岡県を代表する水田地帯です。

川は下流に行くほど、石が小さくなっていきます。ところが、海流によって平野が削られ、山から海までの距離が近いという特徴があり、中流に見られるような大きな粒の石が多く堆積しています。そのため、志太平野の水田は砂利が多く、「ざる田」と呼ばれるざるのように水が抜けやすい田んぼです。

この志太平野で、作られたもち米が「志太糯」です。

「志が太い糯」という名前と共に、穂先に二粒の籾が並ぶことから「夫婦もち」の別名もあります。まさに餅をつくのにふさわしい縁起の良いもち米です。

志太糯は明治後期から大正時代に掛けて、焼津市の篤農家、増井林太郎氏が選抜と種取りを繰り返して作った品種です。

増井氏の手記に、「糯としては実に珍しき収穫」と記されるほど多収性で、手記によれば、「食べて

穂先の２粒がそろうのが志太糯の特徴

甘くてあの様な糯なら年中ほしい」と餅屋が言い出すほどのおいしさだったといいます。

志太糯は餅にすると、なめらかな食感で、よく伸びるので、おいしいもち米として県下全域で栽培されました。県の農業試験場の最初の品種登録となった静系1号の母本ともなった記念すべき品種です。

志太糯は、海を越えてアメリカにも渡り、「国光」の名で、アメリカでも栽培されました。しかし、そんな志太糯も、減反政策によってもち米が栽培されなくなると、次第に姿を消していったのです。

現在では、焼津市の米農家、小畑幸治さんただ一人が、種を受け継いで、守っています。

志太糯は、杉錦酒造の「純米本みりん」の原料としても利用されています。

金太糯《きんたもち》／イネ（静岡市清水区）

焼津市に「志が太い」と書く「志太もち」があるに対して、静岡市には「金が太い」と書く「金太もち」と呼ばれるもち米があります。「志太もち」があるに対して、「志の太さ」か「金の太さ」か、どちらを選ぶか悩みどころです。

金太糯は、昭和二十年代に篤農家の伴野金太氏が見出したことから、金太糯と名付けられました。

金太糯が見出されたのは、静岡市清水区吉川です。吉川は、戦国時代に中国地方の勇である毛利家を支えた毛利の両川である吉川家と小早川家の、吉川家の発祥の地です。金太糯を見出した伴野金太氏も、その流れを汲んでいます。

金太糯が発見されたのは、田んぼではありません。高台の畑に一本の稲が立っていました。この稲穂が丈夫そうだったので、水田で作り始めたのです。

このイネは丈夫で倒れにくく、また、収量も一反あたり一〇俵も取れました。また、餅にすると粘りも強く、良質なもち米だったのです。

金太糯は県内の中部から東部まで広く栽培されましたが、減反政策が始まり、もち米の消費が減るにしたがって、静岡県ではもち米の栽培が行われなくなり、いつしか、消えて行ってしまいました。

現在では、静岡市の青木嘉孝さんと焼津市の小畑幸治さんが栽培するのみです。

関取米／イネ（静岡市葵区）

横綱の土俵入りには「雲竜型」と「不知火型」とがあります。雲竜型の名前は、江戸時代の横綱、雲龍久吉に由来しています。

江戸時代の終わりに、三重県菰野の篤農家であった佐々木惣吉は、在来の稲から、一本の稲穂を見出しました。その稲は、収量が多く、品質が良い上に、茎が頑強で風にも倒れません。そのため、「めったに倒れない」ことから、雲竜関の名を取って、雲竜米と名付けられたのです。

ところが雲竜が年を取ると、負けて倒れることが多くなってきました。そのため、いつしか「雲竜米」は「関取米」と呼ばれるようになったのです。

関取米は明治時代になると関東・東海地方を中心に全国で広く栽培されました。小粒で、粘り気が少ないので、かつては寿司米として好まれたといいます。しかし、昭和に入って、米の収量が重要視されるようになってくると、いつしか栽培されなくなってしまいました。

マグロなどの水産物が豊富で、良いお茶やワサビがある静岡市清水区は、「寿司の聖地」を目指しています。その中で江戸時代の「興兵衛すし」の復活に取り組む活動に応じて、静岡市の米農家、青木嘉孝さんによって関取米が復活したのです。

最近では、関取米から日本酒「久能山東照宮」も醸造されています。

身上早生（愛国）／イネ（南伊豆町）

銘柄米の代表格と言えば、文句なしに「コシヒカリ」でしょう。コシヒカリの系譜をさかのぼると、三代前には陸羽二〇号という品種にたどりつきます。陸羽二〇号は、「愛国」という品種を純系にしたものです。

愛国は収量が多く、病害虫や冷害にも強い優れた形質を持ち、明治から昭和の初期までは米の三大品種の一つに数えられました。そして、この愛国を祖先として、コシヒカリだけでなく、ササニシキやあきたこまち、ひとめぼれ、はえぬき、きらら397、ななつぼし、ゆめぴりか、など現在の銘柄米が作られていったのです。コシヒカリ系統が持つご飯の粘りも、この「愛国」に由来するといわれています。

愛国はその偉大さをたたえて、愛国発祥の地の記念碑が宮城県丸森町に建立されています。ところが、この愛国は、もともと静岡県下田市に由来しています。

愛国の種籾は、明治二十二年に舘矢間村（現在の丸森町）の蚕種家、本多三學が，静岡県南伊豆郡朝日村（現在の下田市）の蚕種家、外岡由利蔵から取り寄せたものとされています。舘矢間村の篤農家が栽培したところ、他の品種に比べて収量が多いことから、品種不詳とされていたこのイネは、「愛国」と名付けられました。そして、愛国は東北から関東まで広く栽培されるようになり、イネの品種改良にも盛んに用いられたのです。

下田では身上起と呼ばれる在来品種を栽培していました。この身上起は収量が多い品種でしたが、晩稲品種でした。この身上起から、高橋安兵衛は早生の系統を選抜します。これが身上早生です。この身上早生の種籾が宮城に送られて愛国と呼ばれるようになるのです。愛国の由来はずっと謎とされてきましたが、二〇〇九年の論文で、身上早生に由来することの整合性が示されました。

南伊豆町の清水清一氏は、この愛国の存在を知り、愛国の栽培を復活させました。

現在は、地元の小学校や下田高校南伊豆分校の協力で栽培が行われています。そして、愛国を使った日本酒やお菓子、おむすびなどがブランド特産品として南伊豆を訪れる観光客を楽しませています。

板妻《いたづま》もろこし／トウモロコシ（御殿場市）

「トウモロコシの粒の数を数えると、必ず偶数になる」と言われます。トウモロコシの粒は成長する過程で、二つに分かれます。そのため、トウモロコシの粒の数は必ず偶数になるのです。

トウモロコシを輪切りにして、何列の粒が並んでいるかを数えてみても、必ず偶数になります。私たちが食べるスイートコーンは、一般に十六列から二十列あります。

昭和四十年代まで、富士山南麓は、「御殿場の板妻もろこし」と「裾野の須山もろこし」という二つのトウモロコシが有名でした。この板妻もろこしは八作（八列）で、須山もろこしは十二作（十二列）だったと言われています。

御殿場市仁杉の伊倉喜好さんのお宅では、譲り受けた板妻もろこしの種が、今も引き継がれて栽培されています。

板妻もろこしは、草丈が三メートルにもなります。この巨大な板妻もろこしは、かつては馬の餌として栽培されていました。ふだんはトウモロコシの茎や葉を与えていましたが、馬が力仕事をするときには、栄養の豊富な子実の部分を与えたそうです。

板妻もろこしの実は人間も食べることができます。しかし、すぐに固くなってしまうので、未成熟な状態で食べられる期間は、わずか三～四日しかありません。しかし、この間に焼きトウモロコシに

すると、とても甘くて香ばしいのです。
「昔食べた板妻もろこしは、とてもおいしかった」と地元の人たちは口をそろえます。
また熟した実ははぜ菓子にして食べます。この大粒の実をはぜさせたお菓子は地元で「どかん」と呼ばれ、とても香ばしくて、お菓子の豊富な現代に食べても、美味しいお菓子です。また、八列しかない板妻もろこしは、一粒一粒が大粒で、はぜ菓子にしたどかんも食べ応えがあります。
この板妻もろこしは、かつて地元の方が、高根小学校上小林分校の子どもたちに「どかん」を食べさせてあげるのを楽しみに、栽培を続けていました。この大切な板妻もろこしの種は、伊倉さんに引き継がれたのです。現在、高根小学校上小林分校では、この種を引き継いで、子どもたちが学校農園で板妻もろこしを作っています。

十二列もろこし／トウモロコシ（御殿場市）

先述の伊倉喜好さんは、御殿場市東田中の畑の片すみで見慣れないトウモロコシを見かけて種を譲り受けました。しかし、世代を超えて、長い間種が受け継がれてきた在来作物は、なくなるときはあっけないものです。伊倉さんが翌年、同じ場所を探してみても、もうそのトウモロコシを見つけることはできませんでした。

伊倉さんは、その在来とうもろこしの継承者となってしまったのです。そのトウモロコシは十二列あります。地域としては、古くは板妻もろこしが作られていたエリアですが、十二列というのは、126ページで紹介した須山もろこしの特徴です。その在来トウモロコシの来歴は明らかではありませんが、須山もろこしの系統なのかも知れません。

須山もろこしは、古くはオオムギやコムギなど麦との二毛作で栽培されていました。そして、粉を挽いて食べていたといいます。しかし、残念ながら裾野市の須山地区では、須山もろこしの現存は確認されていません。

十二列の在来トウモロコシは、もともとは小粒で穂も細かったと言いますが、だんだんと大粒になってきてしまいました。八列の板妻もろこしと交配が進んでいるのかも知れません。

長妻田《ながつまた》もろこし／トウモロコシ（静岡市葵区）

横溝正史の小説「八つ墓村」の舞台は、戦国時代の八人の落ち武者の墓がある村です。静岡市の安倍川の支流、中河内川の上流には、七つの墓があるという村があります。

かつて、戦国時代に奥池ケ谷城が落城したとき、あまりに多くの戦死者が出たため、七カ所に分けて葬りました。そのため、この地は「七塚村」と呼ばれるようになったのです。この「七塚村」が、転じて「長津俣村」となり、やがて「長妻田村」と呼ばれるようになったとされています。

この長妻田に、古くから残るトウモロコシが長妻田もろこしです。

トウモロコシはメキシコ原産で、コロンブスによる新大陸発見以降、ヨーロッパに伝わりました。日本には一五八〇年頃にポルトガル人によってもたらされたといわれています。

このときに伝わったのがカリビア型フリントという熱帯原産のトウモロコシです。このトウモロコシは江戸時代になると、稲作のできない山間地で栽培されるようになりました。長妻田もろこしは、そんなトウモロコシの一種なのかも知れません。

長妻田もろこしは、おやつとして食べられました。

赤きび／トウモロコシ（浜松市天竜区）

117ページで紹介したように、静岡市葵区井川では、「きびだんご」は黒い色をしていて葉でくるまれています。井川地域では、きびだんごとは、ふつうの「黍《きび》」ではなく「弘法きび」という雑穀で作られただんごなのです。一方、浜松市天竜区水窪町で食べる「きびだんご」は黄色をしています。しかし、ひと口食べると、コーンポタージュのような甘くて香ばしい味が口の中に広がります。水窪のきびだんごの材料も「黍」ではありません。

水窪地域で「きび」というのは、トウモロコシのことです。赤きびは昔から栽培されているトウモロコシです。もちろん、私たちが食べるスイートコーンとは種類が違います。トウモロコシもイネと同じように「うるち」と「もち」とがありますが、赤きびはもち性のトウモロコシで、もちもちした食感が特徴です。水窪では、甘みの少ない固いトウモロコ

シを完熟するまで育て、乾燥して保存しておきます。これを粉にひいて食べるのです。
水窪のなかで信州に近い西浦地区や大沢集落では、「きびに」といわれる、変わった食べ方をしています。まず保存しておいたトウモロコシを粉にせずに、粒のまま弱火でゆっくり煮ます。そうすると、ポップコーンのように爆ぜた状態となります。大沢ではサツマイモとササゲと一緒に汁にします。お汁粉ような甘い汁で、甘いものをほとんど食べられなかった子どもの頃、おやつや夜食に食べたそうです。西浦地区では、汁気がほとんどない状態のようで、水窪でも一部にみられる食習慣のようです。

静岡在来蕎麦（静岡市各地ほか）

静岡県は山が急峻で、水田が拓けないような場所もたくさんあります。そのため、昔は山間地では、蕎麦が盛んに栽培されていました。静岡は知られざる蕎麦の産地だったのです。

ところが、静岡は蕎麦どころとしては、けっして有名ではありません。農産物として出荷されるのではなく、暮らしの中で自家用に食べるために蕎麦が作られ続けてきました。そのため、品種や栽培技術の改良が行われずに、昔ながらの種で、昔ながらの手作業で、蕎麦が作られてきたのです。

今、その昔ながらの蕎麦が、注目されています。

静岡県に残る在来蕎麦は、小粒で収量があまり穫れません。しかし、改良された蕎麦の品種にはない味の濃さと強い香りを持っています。

一般に「静岡在来」と呼ばれる在来蕎麦は、赤茶色の外見が特徴です。また、皮を剥いて抜き実にしたときに、緑色が鮮やかなものが多いことも、もう一つの特徴です。まさに緑豊かな静岡の山々が育んだ蕎麦と言えるのかも知れません。

さらに、静岡の在来蕎麦のおいしさの秘密は、その栽培方法にあります。

蕎麦は、田んぼを拓くことのできない山の傾斜地で作られました。傾斜地は水はけが良く、蕎麦の栽培に適しています。また、昼夜の寒暖の差が激しく、日照時間が長すぎず、霧が立つような川沿いの山間地では、美味しい蕎麦が取れるのです。

蕎麦の適地は、お茶の適地とも一致します。古くからの山の茶の産地では、蕎麦も美味しいものが取れるのです。

収穫した蕎麦は、丸太を組んだハンデで天日干しをします。こうして日に干すことで、蕎麦の葉の栄養分が、蕎麦の実に転流し、蕎麦のおいしさが増すのです。

信州大学と静岡大学、静岡在来蕎麦ブランド化協議会の共同研究から、静岡の在来蕎麦には現在分かっている範囲で少なくとも「芝川系統」「興津川系統」「安倍川・藁科川系統」「井川系統」「瀬戸谷系統」「水窪・佐久間系統」の六系統があると考えられています。また、南伊豆にも在来の蕎麦が残っています。

それぞれの土地の気候風土の中で育まれた在来蕎麦は、土地ごとに風味が異なります。また、暮らしの中で守られてきた蕎麦は、地域ごとに伝統的な食べ方があるのも魅力です。蕎麦は他殖性の作物なので、交雑によって本来の系統が失われてしまう危険が高い作物です。そのため、種取りを続けている場合でも、知らない間に交雑が進んで、在来種が失われてしまっている例が多く見られます。在来蕎麦の保存は非常に難しいのです。そのため、蕎麦の在来種の栽培には、細心の注意が必要です。

一方、蕎麦は「在来種」がおいしいとされていて、在来種が広く栽培されている作目でもあります。そのため、もともとの地域で失われてしまった蕎麦が、他の地域で栽培されていた例もあります。大井川流域の中川根地区では今のところ在来種の現存は確認されていません。しかし、島田市の伊久美地域には、古い時代に中川根から伝わったとされる系統が維持されています。また、掛川市の手打

蕎麦「くにえだ」では自家菜園で、浜松市の佐久間在来の蕎麦の保全が行われています。

また、手に入りにくい「静岡在来」をより多くの人たちに食べてもらえるようにと、農業法人のエスファームや、川根朝霧園では、「杉尾在来（藁科川系統）」を用いた静岡在来蕎麦の機械化栽培にも挑戦しています。

実は静岡県は知られざる隠れた蕎麦どころなのです。

奥清水在来蕎麦（湯沢在来）／ソバ（静岡市清水区）

静岡市清水区の山間地で栽培される蕎麦は美味しいといわれていましたが、人気のあまり供給が不足すると、収量の低い在来品種から、収量の多い品種へと置き換えられて、在来蕎麦は次第に失われていきました。

ところが、興津川の支流の最上流に昔ながらの在来蕎麦がひっそりと栽培されていました。蕎麦は他殖性であるために、種を守っているつもりでも、まわりで他の品種を栽培していると、交雑して、本来の在来蕎麦は失われてしまいます。

しかし、この場所は谷筋にあったために交雑も逃れて、昔ながらの在来蕎麦がわずかに残されていたのです。この蕎麦を栽培するのは三軒のみ。これらは、年越し蕎麦を作るために、段々畑の一角でわずかに栽培していたものでした。

この在来蕎麦の価値を見出したのが、静岡市の蕎麦店「手打ち蕎麦たがた」の店主、田形治さんです。田形さんは、美味しい蕎麦の実を求めて、全国の蕎麦産地を訪ね歩き、実は地元静岡に美味しい蕎麦があることを発見したのです。

清水在来は、他の在来種にない「個性的な香り」を持っているものがあり、蕎麦の名店や蕎麦通の方々からも「一級品の蕎麦」として高い評価を得ています。何とも言えない独特の香りは、土の香りや、ナッツ系の香り、深い森の香り、フルーティな香りなど、さまざまに形容されています。それぞ

らい個性的な香りなのです。
　静岡在来の中でも興津川水系に残る在来の蕎麦は独特です。かつて信濃の蕎麦は陸路で甲斐の国まで運ばれて、そこから富士川を下って清水港に持ち込まれ、その後、江戸に海運で運ばれました。甲州と駿河は、幕府の直轄地であったために、富士川の水運で結ばれていたのです。
　もしかすると、清水港に注ぐ興津川水系では、古い時代の信濃の蕎麦が持ち込まれたのかも知れません。

井川在来蕎麦／ソバ（静岡市葵区）

蕎麦は他殖性の作物であるため、周囲に導入した栽培品種があると交雑して純系が失われてしまいます。こうしてほとんどの地域では栽培品種の普及によって、在来種は失われてしまいました。

大井川の最上流部に位置する井川地区の在来蕎麦も残念ながら、その形質は導入品種と交雑したものでした。ところが、井川地区の外れにある閑蔵という集落で青木たけさんが栽培していた蕎麦が純系に近い蕎麦だったのです。現在では、その種を元にして、井川地区で在来蕎麦が増やされています。静岡大学と信州大学で調査した結果、標高の高い井川地区で栽培されてきた井川在来蕎麦は、明らかに県内の他の在来蕎麦とは開花時期などが異なっており、別の系統であると考えられました。

井川在来蕎麦は、静岡在来蕎麦に見られる固有の香りを持っています。先述の湯沢在来蕎麦は、固有の香りがピンポイントで際立つのに対して、井川在来蕎麦は、固有の香りをまろやかに包むように他の香りも強く、香りの幅が広いのが特徴です。その味は、三百店舗以上を食べ歩いた蕎麦通をして、「今まで食べた中で一番おいしい蕎麦だった」と言わしめたほどでした。井川地区はスイートコーンが美味しいことで知られています。標高が高く夜温が低いために、トウモロコシの夜間の呼吸が抑えられて、糖が消耗せずに甘いトウモロコシとなるのです。井川地区の蕎麦は、トウモロコシが収穫した後に、残ったトウモロコシの茎を焼いた灰を肥料として栽培されています。井川在来蕎麦のおいしさの秘密は、この栽培方法にあるのかも知れません。

コラム　幻の焼き畑蕎麦

「昔、焼き畑で作った蕎麦はおいしかったなぁ」

山間地の人たちは、決まってこう言います。昔は、静岡県の山間地では焼き畑が盛んに行われ、雑穀や豆類、蕎麦などが栽培されていました。その焼き畑で作った蕎麦は、普通の畑で栽培したものに比べて、香りが強く美味しかったというのです。

「究極に美味しい蕎麦を作りたい」

静岡在来種の蕎麦の価値を発見した手打ち蕎麦たがたの田形治さんは、究極の蕎麦づくりを目指して地域の方々に焼き畑の復活を呼びかけたのです。

この呼びかけに応えて結成されたのが、望月正人さんら地元の有志「焼き畑倶楽部・結の仲間」です。幸いにして、地元には若い頃に焼き畑を経験した望月俊彦さんがいました。その俊彦さんの指導の下、二〇一二年七月山に火が入れられたのです。じつに六十年ぶりの焼き畑の復活でした。

近年、焼き畑による熱帯雨林の減少が問題になっていますが、もともと伝統的な焼き畑農法は自然の力を活用した循環型の農法です。森の木を刈り出した後に火入れをします。こうして残った切り株を燃やして畑を作るのです。火で焼くことで木は灰となりミネラルの豊富な肥料となります。そして、病害虫や雑草のない土ができるのです。火を入れた後には、雑穀や豆類を三〜四年栽培します。その後、木の苗木を植えて再び森を更新して若返らせるのです。この自然のサイクルの中で人々は木材や

食料を得ます。焼き畑は、本当は自然にやさしい農業なのです。

残念ながら一年目は収穫が少なく、収穫した実はすべて翌年の種にせざるを得ませんでした。そして、二〇一三年秋、ついに二年越しの「焼き畑の蕎麦」が完成したのです。

地元の方々は「なつかしい味だ」と感慨にふけっていましたが、そのインパクトは、全国の蕎麦の味を熟知する田形さんを唸らせるものでした。不思議なことに、その香りは焼き畑の中で嗅いだような、何とも言えない香ばしい焦げ臭がするのです。

焼き畑には多くの手間を必要としますが、この究極の蕎麦のために、さまざまな人たちが集まり、焼き畑を続けて行こうと思いを新たにしています。

また、地元の井川小学校では、子どもたちが学校菜園で焼き畑による在来蕎麦の栽培に挑戦しています。こうして地域が守ってきた蕎麦の種と伝統文化が次の世代へと引き継がれていくのです。

玉川俵蕎麦／ソバ（静岡市葵区）

静岡市葵区桂山の漆畑芳昌さんの家の蔵から、「昭和二十三年　照山　そば」と書かれた木札のついた俵が見つかりました。蔵から出されたのはおよそ六十五年ぶりのことです。

俵の中には、ソバの種が詰まっていました。いざというときの食糧として貯えられていたのかもしれません。照山というのは、焼き畑が行われていた場所の地名です。もしかすると、このソバの種は、焼き畑で栽培されたものなのかも知れません。

ＪＡ静岡市を中心としたプロジェクトでは、地域の農家の方々が種を分け合って在来蕎麦の復活に取り組みました。長い年月、保管されていた種子が芽を出す可能性はほとんどありません。しかし、地域の方々の熱い思いによって、ついに何粒かの種子が芽を出したのです。現在、よみがえった俵蕎麦を地域資源とした地域おこしが始まろうとしています。

さらに、この俵の発見をきっかけとして、静岡市の玉川では各家庭で保存されていた蕎麦の種子が次々に見つかりつつあります。また、玉川では、県内では珍しい春播きの春蕎麦の系統も見つかっています。

コラム　駿府は江戸蕎麦のルーツ?!

意外に思えるかも知れませんが、静岡市と蕎麦とは、じつは深い関わりがあるといわれています。

静岡市大川地区栃沢に生まれた鎌倉時代の名僧、聖一国師は、静岡に茶の種をもたらした静岡茶の始祖として知られていますが、麺文化の始祖としても知られています。

聖一国師が開山した博多の東福寺には「饂飩蕎麦発祥之地（うどん・そばの発祥の地）」という石碑が建てられています。聖一国師は宋の国から、水車を動力にした製麺・製粉技術を日本に持ち帰りました。この技術によって麺文化が日本に広まったとされているのです。

蕎麦はもともと、そばがきのように粉を練って食べられていました。麺にして蕎麦を食べる「蕎麦切り」のもっとも古い記録は、長野県木曽郡のお寺に残る一五七四年の文書です。しかし、それ以前から蕎麦切りは食べられていたと考えられています。

ＴＧそばの会代表で蕎麦研究家の太野祺郎さんによれば、聖一国師によってもたらされた製麺技術により、京都の禅寺では蕎麦切りが食べられていたといいます。そして京文化を積極的に取り入れた今川義元によって駿府にも蕎麦切りがもたらされていたと考えられているのです。やがて時代は下って一五九〇年、家康が駿府から江戸に移る際に、江戸の町づくりのために呼び寄せた駿府の職人の中に、蕎麦打ちの職人もいたといわれています。そうだとすると、江戸蕎麦のルーツは駿府にあったことになります。

徳川慶喜も通ったという江戸時代から続く老舗の蕎麦屋「安田屋」

そして、山間地の多い静岡では、盛んに蕎麦が栽培されました。江戸時代の書物、駿河雑記には、駿河の名物として「蕎麦」が記されています。

やがて、江戸時代が終わり大政奉還した徳川慶喜が江戸から静岡に移り住むときには、江戸から多くの職人が静岡に移住したと言われています。こうして、駿府から江戸に渡った蕎麦文化は、再び静岡に戻ってきたのです。

水窪在来蕎麦／ソバ（浜松市天竜区）

地すべり地帯に発達した山村では、田畑は土砂が動いているところは収量が多いと知られており、集落は動きの小さいところか、不動地と呼ばれる土砂が動かずに静止している状態のところにおかれました。第三紀層では地すべりの慢性的な動きが比較的多く、生活用水の得られるところが少ないため、民家が密集して集落を形成します。破砕帯では地すべりの慢性的な動きは鈍く、小さい沢もふんだんに流水があって、傾斜面の上に散在して山村を形成します。水窪は破砕帯地すべり地帯と思われ、集落が散在して形成しています。

水窪の山間の集落にある大沢や塩沢では子どもの頃に焼き畑を手伝ったことがあると聞きました。七月の盆頃に火入れを行い、最初は八月にソバを蒔いたようです。今では家の周りのカイトで作られています。八月のお盆が終わるとソバの種を播きます。種は少ないと感じるくらいの量をばら撒きにしていきます。種を播き過ぎるとかえって収量が採れないと聞きます。種播きから七十五日間経てば、収穫できます。先端の実が三粒黒くなれば収穫できるともいわれています。水窪では、十一月上中旬に収穫時期となり、天日で干した後、新蕎麦が十一月下旬に食べられることになります。

このように水窪の山間の集落で今でもつくられている蕎麦は、昔から種を受け継いできたものです。蕎麦は十月の上旬に白い花を咲かせます。この花にミツバチなどの虫たちが集まり、交配をすることで実をつけることができます。蜜蜂は半径二キロメートルの範囲を活動するために、ソバは在来作物の中でも変化しやすい作物です。しかし、集落が散在して発達してきた水窪では、集落ごとに独自の在来のソバが残っていると思われます。ソバの実の大きさ・色・形などは、栽培されている所により少しずつ違っていると思われ、大沢集落のものは粒が特に小さく、黒い色をしていて信州そばに似た形をしています。

水窪町では、年末から三月の春先までが、ソバを食べる季節です。正月など来客があると、ソバを打ってもてなし、家族にとってもごちそうであったようです。大晦日に年越しそばを食べません。大沢集落の年の瀬は、小豆ご飯、大根と人参の酢和え物、おひらです。おひらは十二色といい、油揚げ、ちくわ、椎茸、大根の輪切り、切り昆布、人参、ゴボウなどの具を十二品入れています。向市場地区のとしとりの晩は、おさい、サンマの頭付き、大根のなます、香の物、小豆ご飯です。おさいは大きめに切った野菜を煮しめみたいに炊くもので、七色と言い、大根・人参・ごぼうを基本にして、こんにゃく・豆腐・しいたけ・糸こぶの具を入れています。

水窪と隣接している佐久間の北部は、食文化が水窪と同じで、ソバを食します。野田地区では、代々女性が受け継いで、蕎麦切りを打っています。蕎麦を打つという言葉どおり、トントンと軽快なリズムで麺棒を台に打ちつけながら生地を延ばしていきます。このような打ち方は手打ち蕎麦職人もびっくりで、お母さんが力を入れなくても、こしがあって香りのよい蕎麦切りとなる打ち方だと感心しておりました。手打ち蕎麦たがたの田形さんによれば、蕎麦を打ちつけて延ばすのは、蕎麦を延ばしながらこねるため、と考えられるそうです。

在来蕎麦で作る郷土料理「とじくり」

佐久間民俗文化伝承館である「北条峠」では「野田やまびこ会」のお母さん方が週末となると、ソバを出してくれています。元気なお母さんの山の話をききながら、昔からの蕎麦を味わうと、時間が経つのを忘れてしまいます。

水窪町は雑穀などを粉にして食す文化が受け継がれてきました。ソバも蕎麦切りにすることはお客をおもてなしするご馳走です。四月八日の「はなまつり」は、仏様にお参りして甘茶をもらいます。その日は「とじくり」を作りますが、煎り大豆をやわらかく煮て、そば粉で丸めたものです。大豆の甘味と蕎麦の香りが何とも言えない伝統料理です。ソバ粉をお湯で溶いて「たて粉」として食べるなど、いろいろな食べ方も残っています。

芝川在来蕎麦／ソバ（富士宮市）

富士宮市芝川柚野にある「いづみ加工所」で、農家のお母さんたちが打つ手打ち蕎麦はおいしいと評判でした。この芝川の蕎麦が、じつは在来蕎麦だったのです。

蕎麦を名産にしようと、色々な蕎麦の品種を試してみましたが、結局、家に古くから伝わる地元の蕎麦が一番、おいしくて良いということになり、在来の蕎麦が栽培され続けてきました。

また、在来蕎麦は、改良された品種に比べて収量が低いことが問題になります。芝川の在来蕎麦も畑で収穫したときの蕎麦の実の収量は少ないですが、不思議なことに、粉にしたときには収量が多くなるというのです。

蕎麦は、実が三角形をして「そば立っている」ことに由来しています。「そびえる」の「そび」と同じ語源です。この三角形の実を引いて殻を取ると、粉の部分が少なくなってしまうのです。

一方、芝川蕎麦は粒の張りが良く、丸っぽくなります。そのため、粉にしたときに減ってしまう量が少ないというのです。

芝川の蕎麦のおいしさの秘密は、その打ち方にあります。

蕎麦打ちというと男性のイメージがありますが、もともと農家では蕎麦を打つのは女性の仕事でした。いづみ加工所の蕎麦も、けっして力任せではなく、ていねいに空気とまぜながら蕎麦をこねていきます。そのため、なめらかなやさしい蕎麦となるのです。また、水の代わりにジネンジョを使うのが芝川の伝統的な作り方です。現在では、ヤマトイモを使っていますが、こうしてよりなめらかな蕎麦になるのです。

また、蕎麦の打ち粉には、蕎麦の実の中心部分の粉を使いますが、いづみ加工所では、昔ながらに打つ蕎麦と同じ蕎麦粉を使います。これが蕎麦の香りを一層引き立てるのです。

北条峠の蕎麦と同じように、芝川でも蕎麦を麺棒で延ばすのではなく、麺棒を板に打ちつけて文字通り「蕎麦を打って」延ばしていきます。

また、富士山の周辺では伝統的な蕎麦の食べ方として芹蕎麦があります。現在では、芹蕎麦は、栽培されたセリを薬味として乗せますが、もともとは、たっぷりのセリと一緒に蕎麦をゆでて香りをつけました。昔から、セリは田んぼに生える田ゼリが美味しいと言われていました。特に田んぼに残った稲わらの下に生えるもやし状になったセリはおいしいとされていました。残念ながら最近では冬の田んぼの排水が良くなったために、なかなか春の時期に田ゼリを目にすることはできなくなってしまいました。

しのんばの畦《あぜ》大豆／ダイズ（掛川市）

昔は田んぼの畦にダイズを栽培しました。これは、「畦豆」と呼ばれます。田植えの前になると、田んぼの水が漏れないように、あぜに泥を塗る畦塗りという作業を行います。こうして塗った泥が乾かないうちに、穴を空けて大豆の種を播いていくのです。種を播いた後には、もみ殻を焼いた灰を入れました。こうして、肥料にすると同時に鳥に豆が食べられるのを防いだのです。

男性は田植えの準備で忙しいため、畦豆を播くのは女性の仕事でした。

畦豆は古くから日本各地で栽培されていました。記録では江戸時代中期の農書「耕稼春秋」に畦豆の栽培方法が記されており、江戸時代の後期には各地で広く畦豆が栽培されていたと考えられています。しかし、水田作業の機械化が進み、手間の掛かる畦豆の栽培は今ではほとんど行われていません。静岡県内では掛川市や菊川市のごく一部で見られるのみです。

掛川市篠場は、古くは湿地地帯で、掛川城に納めるヨシを刈るための場所だったと伝えられています。そのため、田んぼの泥が深く、腰まで泥につかるような場所でした。泥の上に松の枝を敷いて、歩いて移動するような田んぼだったのです。

高台の畑も限られていたため、田んぼの畦に畦豆を栽培しました。それが「しのんばの畦大豆」です。昔は畦で作りましたが、現在では畑で栽培されています。

ネズミを除けるために、屋根から吊るされて保存される種

しのんばの畦大豆は、その場所で穫れた豆を、同じ場所に種として植えてはいけないと言い伝えられています。そのため、畦ごとにダイズの種を管理して、ローテーションをしながら、別の畦で穫れた豆を播いていきます。畑で栽培されるようになった現在でも、ダイズの種は四つのグループに分けられており、今も頑なにローテーションを守りながら栽培が続けられています。

しのんばの畦大豆は、大粒のダイズです。また、大豆は一般に丸い形をしていますが、この大豆は、つぶれた篇球形をしています。粒が大きく、水に漬けておくとびっくりするほど大きく膨れます。粘りがあり、もっちりした食感が特徴的で、味の良いダイズです。

現在では、煮豆や味噌にして食べられています。この大豆で作った味噌はおいしいと近所では評判で、特に葉ショウガをつけて食べるのが最高だといいます。

日本人にとってダイズはとても重要な食糧です。

日本人の主食である米は、あらゆる栄養素を含んだ完全栄養食ですが、唯一、必須アミノ酸のリジンだけが足りません。一方、ダイズは、このリジンを豊富に含んでいます。つまり、米と大豆は、栄養的に非常に優れた組み合わせなのです。

そのため、日本人は昔から米と大豆を組み合わせた食事を取ってきました。

しのんばの畦大豆も、昔は味噌だけではなく、醤油の材料としても用いられました。また、ゆでた豆を稲わらで包み納豆を作りました。そして村には、納豆菌や醤油麹を発酵させるための共同の麹室があったのです。さらに、餅をついたときには、石臼で豆を挽いてきな粉を作りました。

こうして、米と大豆を組み合わせた食生活をしてきたのです。

田んぼで作られた「畦豆」は、こうした米と大豆の食生活の象徴的な風景です。

青はだ大豆／ダイズ（御殿場市）

私たちが一般に食べるダイズは、黄大豆や白大豆と呼ばれるものです。ところが、なかには緑色をした青大豆と呼ばれるダイズがあります。ダイズは枝豆のように未熟なうちは緑色をしていますが、熟すと黄色や白色になります。ところが青大豆は、熟しても緑色をしているのです。

緑大豆は、ふつうのダイズに比べて、脂分が少なく、その代わりに糖分を多く含んでいます。そのため、甘みが強いのが特徴です。青大豆は鮮やかな薄緑色をしたものが多いですが、御殿場市に残る「青はだ大豆」と呼ばれる在来ダイズは、黒みがかった濃い緑色をしています。まるでオーロラを思わせるような、神秘的な色合いです。

青はだ大豆は、小粒ですが、味の良いダイズといわれています。青はだ大豆は主にきな粉にして食べられます。緑色のダイズを挽くと、何色のきな粉になるのでしょうか。

青はだ大豆の濃い緑色は、豆の皮の色で、豆の中身の色が緑色をしているわけではありません。そのため、ふつうのダイズと同じ色のきな粉になります。

しかし青はだ大豆で作ったきな粉は、ふつうのダイズで作ったきな粉よりも、香りが良く、おいしいと言います。

ところが、豆の味が良いためか、害虫の被害に遭いやすく、虫食いが多く出るという欠点があります。そのため、栽培が難しく、今ではほとんど栽培されなくなってしまいました。

安倍川筋の在来大豆／ダイズ（静岡市葵区）

全国的に、きなこ餅のことを「あべかわ」といいます。これは安倍川餅に由来しています。安倍川餅の起源は、江戸時代に遡ります。安倍川上流は、今川の時代から多くの金山があり安倍金山と呼ばれて栄えた場所でした。これらの金山は家康自身が金の采配をしていたと伝えられています。そのため家康が駿府に隠居した理由の一つは、これらの豊富な金山を管理するためであったともいわれています。

駿府に隠居していた徳川家康が、安倍金山を訪れた際に、「亀屋」という餅屋の五郎右衛門がきな粉をまぶした餅を献上しました。そのとき、「なんという餅か」と家康に問われた五郎右衛門は、餅に掛けたきな粉を砂金に見立てて「金な粉餅にてございます」と答えました。その機転の利いた答えを喜んだ家康が、「この餅を安倍川餅とせよ」と名付けたのです。それから、きな粉餅は安倍川餅となったと伝えられています。

きな粉は、実際には「黄なる粉」に由来しています。

きな粉は、ダイズを挽いて粉にしたものです。田んぼの少ない安倍川上流部では、かつては畑でムギやダイズが盛んに栽培されていました。また、畑にならないような山の傾斜地では、焼き畑が行われて、焼き畑でダイズが栽培されていたのです。

焼き畑では、一作目はヒエ、二作目、三作目になるとダイズやアズキなどの豆類を栽培します。木

在来大豆のきな粉で作られた安倍川餅

の灰がある一作目は、土の中の肥料分が多くありますが、毎年作物を作るうちに土がやせてきます。豆類は空気中の窒素を栄養にする窒素固定ができるため、やせた土地でも生育することができます。そのため、焼き畑の最後に豆類を栽培したのです。

静岡市を流れる安倍川の上流部では、在来の大豆がいくつか見つかっています。

もしかすると、その中には家康が食したダイズの子孫があるかも知れません。

水窪の在来大豆／ダイズ（浜松市天竜区）

昔の水窪では麦飯が主食で、家周りの畑は、大麦を中心に小麦などの麦畑が広がっていました。そこに今は大豆が育てられており、各家庭で味噌を仕込んでいます。

大沢集落では家ごとに味噌が作られており、味噌玉を作る方法とたまり醤油を取りながら味噌を作る家があったそうです。たまり醤油は、蒸した大豆に麹をつけ、箱で一週間～一〇日発酵させます。柿渋を塗った紙にそれを入れて運び、一度廊下で干します。その後、竹で編んだザルを入れた樽に、それを入れていきます。たまりの醤油は竹のザルで濾され下に溜まり、これを食べる都度に取り出して、蕎麦の汁などに使ったそうです。

向市場地区では、十年くらい前まで味噌玉を自然の酵母で作っていたそうです。大豆を煮るのは寒の頃です。一月のもっとも寒い頃に行うことで雑菌がつかないようにしているのです。これをいろりの上のあまと呼ばれる二階に荒縄のむしろを敷き置いておきます。味噌玉は白や青など色とりどりのカビがつき、様々な色となります。三月下旬頃になるとこれを湯で洗い、手で割ってから塩と交互に味噌桶に入れます。そして一年寝かすと味噌ができ上がるのです。

今の麹を入れた味噌は即席味噌で、昔の作り方の方が体によいと聞きました。この味噌玉による味噌は、香りがとてもよく、母親が晩ご飯に味噌汁を作ると、味噌のとてもいいにおいが家の周りに漂い、外で遊んでいた子どもたちは晩ごはんができたと分かり、家に帰ったそうです。

向市場では味噌だけでなく、醤油も、今でも作っています。小麦と大豆で醤油を作りますが、小麦を焙煎し、だらびいて（荒くつぶす）、醤油菌をつけ、煮た大豆を混ぜ、三年置くと醤油になるそうです。

金山時味噌も、小麦と大豆で作ります、大豆を焙煎し皮をむき、金山時麹をつけます。また、浜納豆や丸大豆醤油も作るといいます。

大沢の大豆は煮ると、とても柔らかくなるので、味噌に加工しやすいようです。

井川《いかわ》豆／インゲンマメ（静岡市葵区）

静岡市の山間地には、多くの種類のインゲンマメの在来種が残っています。

井川豆は、インゲンマメの一種です。

インゲンマメは、江戸時代に隠元禅師が中国から日本に伝えたとされています。もっとも隠元が伝えたのは、インゲンマメではなく、フジマメであるとする説もあります。

隠元禅師が伝えたかどうかはともかく、インゲンマメが江戸時代の一七世紀に中国から日本に伝えられたのは確かなようです。

古くから日本で食べられているインゲンマメですが、原産地は中国ではありません。インゲンマメの原産地は、日本からは地球の裏側にあるはるか遠いメキシコです。メキシコでは紀元前五千年頃から、インゲンマメが栽培されていたと言います。現在でも、インゲンマメはメキシコ料理に欠かせない食材です。

コロンブスが新大陸を発見した後、一六世紀になって、インゲンマメはヨーロッパに伝えられ、そこから世界中に広がりました。そしてヨーロッパから中国へと伝えられ、日本に伝来するのです。

井川豆は、静岡市葵区玉川地区で古くから栽培されています。名前の由来は確かではありませんが、玉川から峠を越えた静岡市葵区井川地区から伝えられたのでしょう。しかし、井川地区では、現在では井川豆は栽培が見られません。

すじなし豆／インゲンマメ（静岡市葵区）

静岡市葵区梅ケ島ではインゲンマメのことを、「うりっこなりっこ」と言います。取っても取っても次々に実がなることから、そう呼ばれているのです。

これに対して、収量が少ないインゲンマメもあります。「すじなし豆」も、その一つです。すじなし豆は、とてもふしぎな豆です。インゲンマメは、若いうちに莢ごと食べます。これが「さやいんげん」です。やがて、豆が熟して莢が固くなると、莢は食べずに、豆の部分だけを食べるのです。ところが、すじなし豆は違います。すじなし豆は、収穫した後、熟した身を莢ごと乾燥させて保存させておきます。この乾いた莢を水で戻して、莢ごと煮物にして食べるのです。これが、「すじなし豆の姿煮」です。一度、固くなった莢なのに、とてもやわらかい食感です。また、とても風味があります。地元の人は、豆よりも莢の方がおいしいというくらいです。

静岡市で在来作物を使った伝統料理を紹介したときに、もっとも人気を集めたのが、この「すじなし豆の姿煮」でした。すじなし豆は、ふつうのインゲンマメよりも、莢がやわらかいため、台風や強い風で、すぐに莢が傷んでしまいます。とても栽培が難しい豆なのです。また、標高の低いところでは、うまく育たないといわれています。

標高の高い梅ケ島で守り育てられた「すじなし豆」は、ぜひ地域で大切に守り育ててほしいものです。

水窪の在来小豆／アズキ（浜松市天竜区）

石臼は、時計回りに回すのか、反時計回りに回すのか知っていますか？

石臼は反時計回りに回します。つまり左回りです。どちらでも良いような気がするかも知れませんが、石臼は、左まわりで粉を挽いて石臼の外に粉が出るように溝を切っています。そのため、時計回りに回しても粉は挽けません。

石臼は紀元前にギリシャで発明されたと考えられています。粉を挽くときに反時計回しに回すのは世界中、共通です。この理由は明らかではありませんが、陸上のトラック競技や野球のベースが左回りなように、人間は水平回転は左回りの方が疲れないためであるとも考えられています。

石臼は、遣唐使によって中国から、日本にもたらされました。やがて、留学僧が、抹茶の技術を日本に持ち帰ると、石臼で粉にする技術は発展を遂げました。そして、戦国時代に火薬を作るために石工たちに石臼の技術が広がり、江戸時代になって庶民に広がったとされています。

昔はさまざまなものを粉にして料理に用いました。

水窪では、粉食文化が今でも残っていて、トウモロコシの粉やアズキの粉が普通に売られていて、食べられています。アズキを粉にしたものは「小豆のたて粉」と呼ばれます。

たて粉は、お湯を入れてそばがきのようにして食べます。これに砂糖や蜂蜜を入れて甘くして食べるのです。

とうごろあずき（浜松市天竜区）

水窪町の山間の集落にある大沢や塩沢では子どもの頃に焼畑を手伝ったことがあると聞きました。焼畑は、昭和三十年くらい前まで行われ、雑穀などを作ったそうです。山の傾斜や斜面の向き、採れる量や管理の量などから、五反（五〇アール）から一町歩（一ヘクタール）程度の広さを焼いたそうです。七月の中旬頃に山に火入れをして、最初は八月にソバを播きました。二作目は三月にダイズ、三作目はアワ、ヒエ、四作目はトウゴロアズキと、四、五年畑として利用し、山に返しました。スギ、ヒノキの植林をするようになると、苗木の間で作物を育て、最後に作付けたトウゴロアズキは蔓性で、大きくなったスギやヒノキに絡まり、収穫した後は植林として山の利用となります。

トウゴロアズキは、ツルアズキまたはヤブツルアズキと近縁で、種は脱粒しやすく、莢《さや》から飛び出すように広がります。小豆と比べると、実は黒く、小さくて、独特の風味があるため、あまり美味しくないという人もいます。水窪では小豆を粉にしたものをお湯で溶いて「たて粉」として食します。ごく弱火で炒って皮をとった小豆を粉にひいたもので、甘みを入れた「たて粉」は即席のおしるこのようです。昔はトウゴロアズキも「たて粉」にしていたといいます。

井川の緑小豆／アズキ（静岡市葵区）

「赤いダイヤ」の別名を持つように、アズキは赤い色をしています。アズキは、もともと黒色や緑色、茶色、白色などさまざまな色がありましたが、日本では「赤い色」に魔除けの力があるとされて、赤いアズキが好んで栽培されるようになったのです。

そして、季節の節目や、人生の節目の行事では、アズキを使った赤飯を炊いたり、アズキの粥を食べたりしたのです。

ところが、静岡市葵区の井川では、緑色の小豆があります。

緑小豆は、あんこにして食べます。それでは、緑小豆のあんこは、何色になるのでしょうか。

私たちがふだん食べる緑色のうぐいす餡は、青エンドウを使って作ります。

井川の緑小豆で作ったあんこは、残念ながら、緑色ではなく、黒っぽい色になります。けっして、鮮やかな色とはいえません。それでも、緑小豆が栽培されてきたのは、緑小豆が、他の小豆よりもおいしかったからだといわれています。しかし、今では緑小豆は、ほとんど栽培されていません。

井川では緑小豆の他にも白小豆がありました。白小豆は皮が薄くておいしいといわれています。白小豆もあんこの材料になりますが、白小豆を使うと白餡ができます。

在来の白小豆は数年前まで栽培されていましたが、現在では、栽培が確認されていません。

赤石豆／ラッカセイ（静岡市葵区）

赤石豆は、静岡市葵区井川に残る在来のラッカセイです。

ラッカセイは南アメリカ原産の豆類で、日本には一八世紀の初めに中国から伝えられました。現在、私たちが食べているラッカセイは、明治以降にアメリカから入ってきたものです。つまり、江戸時代に入ってきたラッカセイは、南アメリカからヨーロッパ、中国を経て、地球を東回りで日本に伝えられたのに対して、現在の品種はアメリカから地球を西回りで日本に伝えられたのです。

ラッカセイは寒さに弱く、乾燥に強い作物です。しかし不思議なことに、井川地区では古くから在来の落花生が栽培されていました。赤石豆は地元の方々の命名です。赤石山脈に抱かれた井川の地の在来の豆であることと、豆の鮮やかな赤い皮が赤石山脈の由来となった赤石（チャート）を思わせることから名付けられました。赤石豆には、豆が赤い系統と、紫色の系統の二種類があります。

ふつうのラッカセイは、一つの殻に二つ豆が入っていますが、赤石豆は、一つの殻に豆が三～四つ入っているのが特徴です。

井川ではラッカセイを煮豆にして食べます。一般に煮豆はダイズやアズキが用いられますが、これらは味噌やあんこの材料として貴重です。そのため、ラッカセイが煮豆に用いられたのです。

伊豆の絹さや／エンドウ（伊豆各地）

エンドウには豆を食べる「実えんどう」と、若採りして莢ごと食べる「さやえんどう」とがあります。さらに、まだ豆が入らないような若い莢を食べるものを「絹さや」と呼びます。サヤどうしがこすれ合う音を絹ずれにたとえたのです。

伊豆の絹さやは、高級品として有名です。伊豆では絹さやエンドウは正月から収穫することができます。そのため、おせち料理の彩りとして利用されたのです。また、春を祝うひな祭りのチラシ寿司の彩りにも絹さやは欠かせません。

絹さやの栽培は、明治時代の末に静岡県東伊豆町熱川で始まったとされています。かつては焼き畑で栽培されていたこともあるといいます。

絹さやには白花の系統と、赤花の系統とがあります。伊豆の絹さやは白花系統では、「伊豆一号」、赤花系統では「ニムラ赤花きぬさや2号」など、さまざまな品種が育成されましたが、今でもわずかながら在来系統も栽培されています。

本みかん／ミカン（静岡市葵区）

ミカンは中国から肥後国（現在の熊本県）に伝わったとされています。それが、江戸時代になると紀州（現在の和歌山県）で産地化されました。これが紀州みかんです。

この紀州みかんが、紀州藩から駿府に隠居していた徳川家康に献上されました。これが静岡のミカン栽培の始まりであるとされています。もっとも、それ以前からミカンの栽培は行われていました。肥後（熊本県）、紀州（和歌山県）、駿河（静岡）では、室町時代頃からミカンが栽培されていました。この頃、駿河で栽培されていたのはタチバナ由来の雑種系統である「柑子みかん」であると考えられています。静岡では「駿河柚柑」という在来の柑子みかんが今も栽培されています。

駿府城公園には、家康公お手植えのミカンの木が残っています。静岡ではこのミカンは「本みかん」と呼ばれています。本みかんの木は、みかん山のところどころで今も守り育てられています。

温州みかんに比べると小さい本みかん（右）

本みかんは、小粒ですが、香りがとても強いのが特徴です。

「本みかん」というからには、本物ではないミカンもあったはずです。それが私たちが食べる「温州みかん」です。温州ミカンも江戸時代からありました。「温州」というのは、中国のミカン産地です。温州ミカンは、現在の鹿児島県で突然変異によって生まれたと考えられています。しかし、有名な中国の産地にあやかって「温州」とつけられました。日本生まれなのに、ケチャップをかけたスパゲティを「ナポリタン」と呼ぶのに似ているかも知れません。

温州ミカンは江戸時代中期に、藤枝市岡部に伝えられたといわれています。

温州ミカンは味が良い上に、皮がむきやすく、種もなくて食べやすいという特徴があります。しかし江戸時代、温州みかんが栽培されることはほとんどありませんでした。

温州みかんには種がありません。武士の世の中であった江戸時代には、この「種なし」が「子宝に恵まれない」ことを連想させて、縁起が悪いとされていたのです。

青島温州《うんしゅう》／ミカン（静岡市葵区）

温州みかんは江戸時代の末期に静岡に伝えられたとされています。明治になると静岡県の特産品として栽培されました。静岡県は、栽培面積、収穫量ともに全国三位のミカンの産地です。ところが、普通温州だけで見ると、栽培面積、収穫量ともに全国一位となります。他のミカンの産地では、早生温州という早く収穫できる温州みかんを作ります。しかし、静岡県は普通温州と呼ばれる晩生のミカンを多く栽培しているのです。こうして、時間を掛けて品質の良いミカンを栽培するのが、静岡県のミカン栽培の特徴です。この普通温州の主要品種となるのが、「青島温州」です。青島温州は静岡県のミカンの出荷量の約七割を占めています。青島温州は、一般に青島みかんと呼ばれます。糖度が高く、甘味と酸味のバランスのとれた濃厚な味わいが特徴です。また、貯蔵性にも優れています。

静岡の地名は、賤機山の丘陵を意味する「賤ヶ丘（しずがおか）」に由来します。青島温州は、その賤機山のミカン園で発見されました。昭和十年（一九三五年）頃のことです。ミカン農家の青島平十氏は、当時、栽培されていた尾張温州の木の枝の中に、大きくて味が良く、日持ちの良い果実が成る枝を見つけました。この枝変わりの枝が評判を呼んだことから、昭和十六年（一九四一年）に高継ぎされました。これが、青島温州の原木です。名前は、発見者の青島平十氏の名前に由来しています。駿府城公園には、青島温州の生みの親である青島平十氏を称える石碑が建てられています。

寿太郎《じゅたろう》温州／ミカン（沼津市）

駿河湾を望む沼津市西浦は、静岡県のミカン産地の一つです。この西浦で生まれたのが寿太郎温州です。

寿太郎温州は青島温州の枝変わりで、昭和五十年（一九七五年）に山田寿太郎氏が発見しました。青島温州の一部の枝に、節間が短く葉色の薄い枝変わりを見つけたのです。この枝は、青島温州よりも実がひと回り小さい代わりに、実がたくさんつきました。また、果実の着色時期が早いという特徴がありました。そして、甘みと酸味のバランスが良い、濃厚な味わいのミカンが得られたのです。

寿太郎温州は、現在では、沼津市のミカン栽培面積の約四割を占めています。

山田寿太郎氏のミカン園には、発見された当時の枝代わりの原木が今でも残っています。

畑の隅に残る寿太郎温州の原木

大田ポンカン／ポンカン（静岡市清水区）

ポンカンはインド原産の柑橘です。ポンカンは、中国を経て明治二十九年（一八九六年）に鹿児島に伝えられました。

ポンカンの「ポン」は、インド西部の地名「Poona」に由来しています。「Poona の柑橘」という意味なのです。中国南部や台湾では、「椪柑」の字を当てて「pongkam」と発音します。これがポンカンの由来であると考えられています。

ちなみに「ポン酢」は、オランダ語で柑橘類の果汁を意味する「pons（ポンス）」から「ポン酢」になりました。また、愛媛のミカンジュース「ポンジュース」は、「日本一」の「ニッポン」に由来しています。

同じ「ポン」でも由来はそれぞれ異なるのです。

大田ポンカンは、静岡市清水区庵原町の太田敏雄氏が、昭和二十二年（一九四七年）にポンカンの枝変わりとして発見しました。その後、新種のポンカンとして、昭和五十八年（一九八三年）に品種登録されました。

現在もミカン園の一角に、大田ポンカンの原木が保存されています。

熱海のだいだい／ダイダイ（熱海市）

熱海は正月の注連縄《しめなわ》に使うダイダイの栽培面積日本一の産地です。

熱海市の多賀地区では、温暖な気候を利用して、ダイダイが栽培されているのです。その歴史は古く、江戸時代の慶応三年（一八六七年）には栽培されていた記録が残っています。江戸時代に網代港に立ち寄った紀州の船乗りが食べたダイダイの種を、守り育てたのが始まりといわれています。畑の中には江戸時代末期に植えられた樹齢百三十年の古木が今も残っています。

ダイダイは冬を過ぎても色づいた果実が木から落ちず、夏になると再び緑色に戻ります。そして秋には再び色づいて、そのまま二〜三年は枝についているのです。そのため、「代々（だいだい）」と呼ばれるようになりました。そして、代々続くようにという願いを込めて、注連縄にダイダイを飾るのです。ちなみにオレンジ色を意味する橙色は、このダイダイの色に由来しています。

熱海では十月からまだ色づかない青い実を、まずポン酢用に収穫し、その後、色づいた実を注連縄用に出荷しています。

ダイダイは酸味や苦みが強いため、そのまま食べられることはありません。しかし、風味が良いことから、ポン酢やマーマレードなど、熱海ブランドの加工品が作られています。

戸田香果橘《たちばな》／タチバナ（沼津市戸田）

文化勲章はタチバナの花がデザインされています。文化は常緑の葉のように、永劫性がなければいけないとされて常緑のタチバナが採用されているのです。

タチバナは日本最古の歴史書である古事記や日本書紀にも記載されている古い果物です。

タチバナは、古くから日本に自生していた柑橘です。日本固有のかんきつ類は、沖縄のシークヮーサーと、九州と本州南部に自生しているタチバナだけです。

常緑のタチバナは暖かな地域でしか育つことができません。沼津市戸田はタチバナの自生地の北限とされています。北限の地に育つタチバナは、他の自生地のタチバナとは遺伝的に異なる集団であることが明らかとされています。

現在では、戸田美農里委員会の活動として、自生地の保全が行われるとともに、苗木が増やされて特産化が進められています。

静岡市にある浅間神社大拝殿の前には、左近の桜、右近の橘があります。これは建物から見た左右の位置ですので、右近の橘は正面から見て左側にあります。桜は、浅間神社の主祭神の「木之花咲耶姫（このはなさくやひめ）」であり、橘は、木之花咲耶姫命の姉である「岩長比売（いわながひめ）」を象徴しています。

この浅間神社の右近の橘は、戸田香果橘が寄贈されて、植えられています。

さいらく／カキ（藤枝市、島田市）

島田市伊久美地区の犬間集落には樹齢三百年の柿の大木があります。その根元の幹回りは四・一メートルにもなる巨木です。

この柿は「さいらく」と言います。さいらくの名前の由来ははっきりとはしません。島田市の伊久美地区と藤枝市の瀬戸谷地区に数本が残るのみです。

さいらくは渋柿の一種です。昔、このさいらくからは縁起物の吊るし柿が作られ、年末の挨拶の贈り物に使われました。

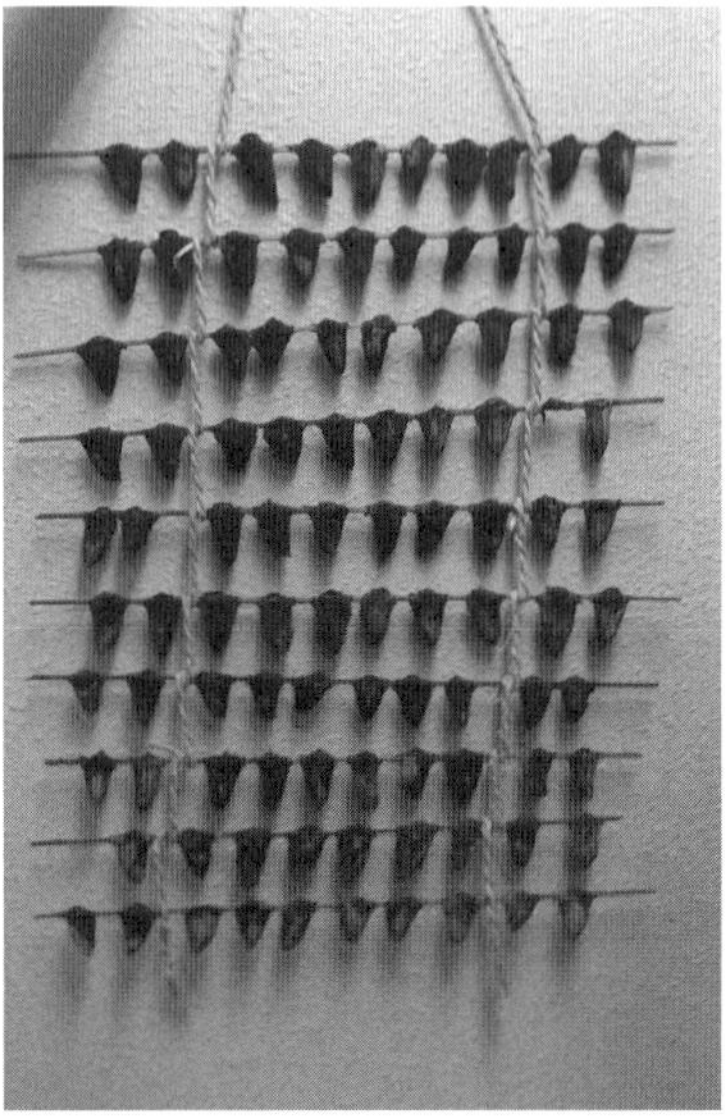

縁起物として作られるさいらくの吊るし柿

島田市のさいらくの大木の傍らにはシュロの木が植えられています。このシュロの幹から取れる繊維で、吊るし柿を縛ったのです。

吊るし柿を作るときには、竹串に二個、六個、二個と吊るします。これは二個と二個の間に六個のカキがあるので、「2・2（夫婦）仲睦（中六つ）まじく」の語呂合わせになっています。

また、さいらくは小さな実の割に、種が大

きいのが特徴です。これが子宝に恵まれる縁起物とされたのかも知れません。

縁起物のさいらくの吊るし柿は、黒く固くなるまで飾られます。そして、固くなった干し柿を、まるでスルメを食べるように、割いて食べるのです。

また、沢庵を漬けるときに、干したさいらくの皮を入れました。こうして渋柿の皮を入れることによって、沢庵にほどよい甘さが出るのです。

島田市に残るさいらくの大木

治郎柿／カキ（森町）

どこの地域でも、カキの木は植えられていて、昔から食べられてきました。そのため、県内各地に在来のカキが残されています。カキには甘柿と渋柿があります。甘柿は渋柿の突然変異によって生じたと考えられており、日本だけに見られます。

甘柿の代表的な品種には、富有柿と次郎柿があります。「富有はあごで食べ、次郎は歯で食べる」と言われます。富有柿は果肉がやわらかく、次郎柿は歯ごたえのある柿なのです。

この次郎柿は森町が発祥地です。天保十五年（一八四四年）に、森町に住む松本治郎吉が、大水の後に太田川の河原で流れ着いたカキの幼木を拾って、自宅に植えたのが始まりだとされています。この柿が全国に広まり、栽培されるようになったのです。

次郎柿の原木は明治二年（一八六九年）に火事によって焼けてしまいましたが、その根元から芽吹いた枝が立派な柿の木に育ち、今も残っています。

この柿は、発見者の名前にちなんで「治郎柿」と名付けられましたが、明治三十五年頃になると「次郎柿」と呼ばれるようになりました。

また大正年間には一木藤太郎によって早生次郎柿が選抜されました。早生次郎の原木も次郎柿の原木と並んで植えられています。

土肥の白びわ／ビワ（伊豆市）

伊豆市土肥地区で栽培されている白びわは、旬の時期が五月下旬〜六月上旬の二週間とごく短いことから、市場に出回らない「幻の果実」として知られていました。

白びわは、明治十年（一八七七年）、当時の静岡県令である大迫貞清氏が中国の洞庭湖を訪れた際に、種子を譲り受けたものです。そして、明治十九年（一八八六年）に、土肥村（現在の伊豆市土肥地区）の戸長である石原重兵衛氏が、栽培を奨励して村民に接ぎ木苗を配ったのが始まりです。

白びわはその名の通り、果肉が白っぽいのが特徴です。甘味が強く、上品な味わいです。また、果汁が豊富で、やわらかな食感です。

しかし、実がやわらかいため、傷つきやすく扱いにくいという欠点があります。

白びわは、一つ一つの実に大切に袋を掛けていきます。しかし、白びわはすぐにやわらかくなってしまうため、収穫適期はわずか二日間です。しかも傷みやすく、手でもいだところが、すぐに黒くなってしまいます。ましてや、長距離の輸送はとても困難でした。そのため、「幻の果実」として、限られた時期に限られた場所でだけ食べられてきたのです。

現在では、優良系統が選抜され、特に粒の大きい土肥一号と、小粒で味の良い土肥三号の、二系統が主に栽培されています。

土肥の白びわは最盛期には二百戸で栽培されていましたが、昭和三十四年（一九五九年）に伊勢湾

台風の被害を受けると、びわの栽培は激減してしまいました。しかし、その後、昭和五〇年頃から、栽培が復活し、特産化が進められています。
　入手しにくい幻の果実ですが、現在では、白びわを原料とした「土肥びわワイン」と「白枇杷酒」がお土産用に販売されています。また、冷蔵技術による保存も試みられています。

倉沢の田中びわ／ビワ（静岡市清水区）

由比はサクラエビで有名ですが、美味しいビワの産地としても知られています。

薩埵峠は、富士山の眺望が美しい場所として江戸時代から知られていますが、急な坂道が続く峠は、東海道の難所でもありました。そこで興津宿と由比宿の間の宿として栄えたのが倉沢です。

明治時代、この間の宿にある柏屋を訪れた静岡県令大迫貞清は、旧薩摩藩士出身でした。そして、温暖な倉沢の気候が九州に似ていることから、九州で栽培されている田中びわの種子を取り寄せて栽培するように勧めたのです。これが明治十五年（一八八二年）頃のことでした。

田中びわは、植物学者の田中芳男氏が育成した古い品種です。

当地では、もともとは、「茂木」という小粒の品種が栽培されていたそうですが、その後、「田中びわ」が栽培されるようになりました。

大迫が指摘したように、倉沢の日当たりの良い南向きの斜面は、びわの栽培に適しています。そして、大粒で甘味のあるおいしいビワが栽培されているのです。

井川の小柿／マメガキ（静岡市葵区）

井川地区の畑の傍らには、小さな小さな柿の実の成った木が見られます。地元で小柿と呼ばれているこの植物は、マメガキという植物です。マメガキの実は、わずか一～二センチほどしかありません。そのため、「豆柿」と呼ばれているのです。また、「葡萄柿」や「信濃柿」の別名もあります。

豆粒のように小さい小柿の干し柿

マメガキは渋くて、熟しても甘くなりません。

カキは日本原産の果実です。これに対して、マメガキは中国原産です。どうしてカキのような立派な果実があるのに、マメガキのような小さなカキの実が導入されて、栽培されていたのでしょうか。

それは、柿渋を取るためです。

マメガキは柿渋をたくさん取ることができます。そのため、柿渋を採取するために、植えられたと考えられています。ただし、干し柿にすると食べることができるため、小さな小さな実を干し柿にします。こうして一口サイズの干し柿をおやつに食べたのです。

静岡県の在来茶／チャ（県内各地）

茶どころ静岡では、さまざまな種類の茶が生産されていますが、昔ながらの在来茶も生産されています。静岡県の在来茶の生産面積は、全茶園面積のおよそ一％弱です。

かつては、各地で在来の茶が生産されていました。

現在、主に栽培されている茶は、「やぶきた」という品種です。ただし、やぶきたもまた、交配してできた改良品種ではなく、在来茶から選抜された品種です。そのため、やぶきた茶も在来品種の一つということになります。（190ページ参照）

やぶきたは、生産性が高く、品質が良いため、「やぶきた」が登場すると、各地の在来茶に代わってやぶきたが植えられていきました。初めはやぶきたを種子で増やして苗を作りました。これがやぶきたの実生と呼ばれるものです。やぶきたの実生は、やぶきたの血を引いた子どもではありますが、やぶきたとまったく同じではありません。そのため、やぶきた実生もまた、やぶきたではなく、在来茶となります。

やがて、やぶきたの挿し木の技術が確立すると、やぶきたから増やした挿し木苗が全国に広がっていったのです。

在来茶の茶園は、遠くからでも一目で分かります。まず、茶園は畝を作りますが、畝ではなく、茶樹一本一本が丸くなっています。これは、株仕立てという昔の茶園の仕立て方です。このような仕立て方をしている茶園は、ほとんどが古くからの在来茶園です。

また、茶園の畝は、まっすぐに伸びています。ところが、在来の茶園は畝を作ってもまっすぐな畝になりません。幾何学模様を描くように、うねうねと曲がっています。挿し木で増やした苗は、同じ形質を持つため、生育も均一です。そのため、真っすぐな畝になります。ところが、在来茶は種子で増やすため、種子によって形質がバラバラです。成長が早いものもあれば、成長が遅いものもありま す。そのため、生育が均一にならず、でこぼこした畝になるのです。在来茶の茶園は、美しい曲線美を描き、景観としては素晴らしいですが、まっすぐでないので、管理が大変です。また、芽の出方も早いものがあったり、遅いものがあったりするので、機械で一斉に収穫することができません。そのため、芽の出方を見ながら手で摘んでいかなければならないのです。さらに、種によって形質が異なるため、味もバラバラです。

お茶は、収穫したものをまとめて加工をしますから、品質がバラバラだと、お茶の味を調えるのが大変なのです。

このように品種のお茶に比べて、在来茶は欠点ばかりが目立ちます。

それなのに、山間部へ行くと、在来茶の茶園をよく見かけます。どうしてでしょうか。その理由の一つは、「美味しいから」です。

やぶきたの味は、洗練されていてすっきりした味わいです。一方で、在来茶は苦味が強く野趣な味わいがあります。非の打ちどころのない「やぶきた」のお茶は、どこかかしこまった感じがします。

それに対して、普段飲みの茶は、在来茶が美味しいという人も少なくないのです。そのため、在来の茶は、家のまわりの身近なところに残っています。そして、農家の方が自家用に飲んでいるものが多いのです。

また昔、茶の木は屋敷や畑の境界線に植えられたり、土が崩れるのを防ぐために斜面に植えられました。また、神聖な植物として墓のまわりに植えられたりしました。境界茶と呼ばれるこのような茶は、在来茶が残っているのが多く見られます。茶の木は、家や畑を守る存在だったのです。

静岡県では茶葉を使った料理もよく食べられますが、やぶきたのやさしい味に比べて、在来茶の強い香りとしっかりした味は、料理をしても失われないため、多くの料理人が料理に適していると評価しています。

最近では、茶の嗜好が多様化するのに伴って、農家によっては各地の在来茶を商品化する動きも出ており、茶を愉しむ世界が、また一段と広がりを見せています。

井川の在来茶／チャ（静岡市葵区）

かつて駿府に隠居した徳川家康は、茶の湯を好みました。

家康は、静岡市井川の海野家に命じて、茶を納めさせました。そして、井川で生産された茶は茶壺に詰められ、夏でも涼しい大日峠の御茶壺屋敷で保管されました。そして、秋になると峠を下りて駿府の城へと運ばれたのです。このお茶壺道中は、現在でも再現され、お茶壺屋敷から家康が祀られている久能山東照宮へと茶が奉納されています。

初物好きの日本人は、新茶を尊びますが、実際には茶は保管している間に熟成が進み、まろやかな味わいになります。そのため、徳川家康は八十八夜の新茶の時期ではなく、秋になってからその年の茶を愉しんだのです。

しかし、最近では早い時期に出荷される新茶が喜ばれます。そのため、標高が高く、一番茶の収穫が遅い井川の茶の名はあまり知られていません。標高の高い井川では害虫が少ないので、多くは無農薬で茶が生産されています。また、小面積で茶を栽培していることが多く、今でも手摘みで茶が収穫されていることも珍しくありません。

また、昼と夜との温度差が大きいこともおいしいお茶ができる条件です。家康が茶会の茶に井川の茶を選んだということは、茶栽培に適した場所だったのでしょう。

実際に家康が飲んだ茶そのものであるかどうかはわかりませんが、井川では昔ながらの在来茶が今

大日峠のお茶壷屋敷跡

でも残っています。

在来茶は香りや苦味が強く、味が濃いのが特徴です。また、在来茶は木によって味が異なり、中には桃の香りの茶の木もあるといいます。

やぶきたは洗練された上品な味わいですが、それでは物足りないので、地元ではやぶきたと在来茶を混ぜて飲む方が多くいます。また、焼酎の緑茶割は抹茶の粉を使うのが一般的ですが、井川では在来茶で焼酎を割ります。この野趣な山のお茶割は何ともいえません。

奥長島の聖一国師の茶／チャ（静岡市葵区）

「駿河路や　はなたちばなも　茶のにおひ」

一六九四年に、松尾芭蕉が詠んだ句碑が、足久保の狐石という巨石に刻まれています。おそらくは、日本で一番大きいだろうと言われている句碑です。

この句碑は天明八年（一七八八年）に、駿河の茶商、山形屋庄八によって刻まれたとされています足久保は安倍川の支流、足久保川の上流部にあります。東海道を西下しているときに詠んだ芭蕉の句碑が、どうして東海道から離れた山間地にあるのでしょうか。

じつは、この足久保こそが、駿河の茶の発祥の地なのです。

聖一国師は、静岡市大川地区栃沢の生まれの名僧です。宋へ渡り、経典とともにさまざまな先端技術を日本に持ち帰りました。コラム駿府の地そばページで紹介したように、製粉技術とともに、うどんやまんじゅうの作り方を日本にもたらしたのも聖一国師です。

日本から中国へ渡った留学僧たちは、こうしてさまざまなものを日本に持ち帰りました。日本に茶をもたらしたのは栄西禅師であるとされています。そして、聖一国師も宋から茶の種を持ち帰りました。そしての故郷の近くの足久保に茶の種を播き、茶の栽培法を伝えたのです。これが静岡の茶の始まりであるとされています。

江戸時代になると、足久保の茶は高級茶として知られるようになり、徳川綱吉の頃に御用茶として将軍家に献上されていました。御用茶を納める足久保では、諸役御免となり、人足千人分の扶持米が支給されるなどの特権が認められていました。足久保は特別な場所だったのです。

しかし御用茶の献上が停止されると、高級茶の製法が失われてしまいました。それを山形屋庄八は苦労の末に高級煎茶の生産技術を復活させたのです。冒頭の句碑は、この足久保茶の復活を記念して山形屋庄八が建てたのです。この山形屋庄八は後の名前を竹茗と言います。彼こそが老舗の茶商「竹茗堂」の創始者です。

その伝統を受け継ぐ足久保は、現在でも高級茶の産地として知られています。

聖一国師が種を播いたとされる場所は、足久保川の上流部にある奥長島という場所です。銘茶の産地である足久保には、在来茶はほとんど残っていませんが、奥長島には、わずかに在来茶も残っています。また、山中には古い時代の茶樹が大木となって残っているとも言い伝えられています。まさか、聖一国師が播いた茶の子孫なのでしょうか。

現在、この在来茶を使って究極の茶そばづくりが取り組まれています。たっぷりのお茶を練り込んで作った茶蕎麦を在来茶で作った茶塩でいただきます。また茶蕎麦をゆでた蕎麦湯を使った焼酎のお茶割も最高です。

大久保在来茶／チャ（藤枝市）

「継承したい茶園景観30」に選ばれた藤枝市大久保の茶園は、「個性ある茶園」と呼ばれています。パズルを組み合わせたような幾何学模様が、「個性ある」と表現されたのです。

在来茶は、種子で増やしているために、生育の遅いものや早いものなど、バラバラです。そのため、真っすぐな畝にならずに、曲線の幾何学模様を作るのです。この個性ある種子が、「個性ある茶園」の景観を作っているのです。

この茶畑では、茶畑婚活（チャバ婚）、茶畑の中心で愛を叫ぶ（チャバ中）、茶畑デートなどのイベントが行われています。これには理由があります。

見合いが当たり前だった昔、お茶農家では不思議と恋愛結婚が多くありました。

昔は、お茶摘みの手伝いに、若い娘たちが茶農家にやってきました。お茶摘みというと出稼ぎの重労働のようなイメージもありますが、実際にはそうではありませんでした。友だちと誘い合って茶摘みに出掛けることは、若い娘たちにとって、楽しみな出来事だったようです。

「お茶に来たとて小馬鹿にするな　家は金貸し田畑持ち」という歌もあります。茶摘み娘たちの中には、良家の娘も珍しくなかったのです。

山村にやってきた茶摘み娘たちと、茶を揉む村の男たちは、夜になると集まって話を弾ませました。「男女七歳にして席を同じゅうせず」と言われた時代に、若者たちにとって茶摘みはとても楽しみな

在来茶園で開催されるチャバ婚

イベントでした。そして恋に落ち、茶畑の茶の木の陰で愛を育んだのです。こうして茶摘みが縁で結婚することも少なくありませんでした。これを「茶縁」と言います。こんな言葉があるほど、茶農家では恋愛結婚が多いのです。

また、現在でもお茶刈りの機械は、夫婦で息を合わせて動かします。そのため、茶農家は、お茶刈り時期は夫婦喧嘩をしないようにするといいます。そして、仲良くお茶刈りをするのです。

こうして茶畑は、たくさんの愛を育んできました。そして、昔からの在来茶が残る大久保の「個性ある茶園」は、別名を「愛がいっぱい生まれた伝説の茶畑」と呼ばれているのです。

加久良《かくら》／チャ（掛川市）

大井川の右岸にある粟ケ岳の山の斜面には、巨大な「茶」の文字が見えます。この茶文字は、新東名や東名高速道路、国1バイパス、JR東海道線、東海道新幹線からも見えるランドマークです。この茶文字は、横幅が百二十七メートルもあるというから相当な大きさです。おそらくは世界で一番大きな文字です。

この茶文字の歴史は古く、昭和七年（一九三二年）に作られました。茶の文字は当初、松の木を植栽して作られ、その後、ヒノキに植え替えられました。昭和七年当時は、ヘリコプターやトランシーバーもないので、ふもとからの手旗信号で作業を進めたと言われています。

粟ケ岳を中心とした大井川流域は、お茶の味を良くするために、冬の間に、山の草を刈り、茶園に敷く「茶草場農法」という伝統農法が今も行われています。こうして草を入れることによって、茶の味が良くなるといわれているのです。この昔ながらの茶草場農法は、里山の自然を守る優れた伝統農法であるとされて、世界農業遺産に登録されています。

じつは、茶文字が作られた山の斜面も、茶園に敷く草を刈るための草刈り場だったのです。

この茶文字の草刈り場のすぐ下で栽培されているのが、在来茶の「加久良」です。やぶきた茶の生産が進められるにつれて、山の斜面の在来茶の茶園は放棄されて、荒れ果てていましたが、富士東製茶農業協同組合の若手生産者のグループによって、在来茶園が整備され、加久良は復活を遂げました。

世界農業遺産のシンボルである粟ケ岳の茶文字

加久良は葉をかじると、在来茶らしいとても苦い味がします。しかし、東山の高い製茶技術によって加久良の持つ強い甘味が引き出され、渋みをまろやかに包んだおいしいお茶となっています。煎茶と紅茶、抹茶の三種類が販売されています。

丸子《まりこ》紅茶／チャ（静岡市駿河区）

　近年、注目されている日本産の紅茶ですが、日本の紅茶の発祥の地は、静岡市の丸子地区です。明治時代、緑茶は重要な輸出品として盛んに栽培されて、アメリカに輸出されていました。やがて緑茶の価格が下がると、政府は欧米向けに紅茶の製造を検討するのです。

　緑茶と紅茶とは、もともとは同じ茶の木から作られます。収穫した茶葉を蒸して発酵を止めると緑色が残った緑茶となり、そのまま発酵させると紅茶となるのです。

　日本での紅茶製造のために、海外の紅茶の製造技術調査に官吏として派遣されたのが、多田元吉でした。彼はもともと、大政奉還後に徳川慶喜とともに静岡に移り住んだ旧幕臣でした。そして、静岡市の丸子に移り住み、茶園を拓いていたのです。

　多田元吉は、十年にわたって中国やインドをまわって、紅茶の製法を学び、日本に持ち帰りました。さらに、インドからアッサム種の原木を持ち帰りました。そして、明治十四年（一八八一年）に、本格的なインド式製法での紅茶づくりに成功するのです。

　この当時最新の紅茶の製造技術は、緑茶の大量生産にも応用され、茶業の近代化に貢献したと言われています。丸子で紅茶の製造に成功して、日本に紅茶の技術を広めたのです。

　やがて海外から紅茶が輸入されるようになると、日本での紅茶生産はほとんど行われなくなりましたが、多田元吉が植えた茶の木は今も残っています。

赤目ケ谷の起樹天満宮にある多田元吉の顕彰碑

お茶の愉しみ方が広がる中で、最近では再び国産の紅茶が注目されています。静岡市ブランドに認定されている「丸子紅茶」は、いくつかの品種から作られていますが、そのうちの一つは、紅茶発祥の地の丸子で栽培される在来種が使われています。

やぶきた／チャ（県内各地）

やぶきたは、全国で生産される茶の八割、静岡県の茶の約九割を占める主要品種です。

やぶきたは、非常に優れた品種です。樹勢が強く、収量性にも優れています。また、霜の害にも強いので栽培しやすい品種です。しかも収穫時期が早いので、早く新茶を摘むことができます。そして何より、品質が良く、味の良さがずば抜けています。独特のさわやかな強い香りと甘くて濃厚な味がやぶきたの特徴です。

やぶきたは明治時代の品種ですが、二一世紀になった現代でも、いまだにやぶきたを越えるような品種は育成されていません。それだけ優れた品種なのです。

そのため、やぶきたは圧倒的なシェアで全国で栽培されるようになり、結果として、各地の多様な在来種の茶を駆逐していきました。画一化が問題となる近代農業の象徴と見られるときもあります。

しかし、やぶきたもまた在来茶の一つです。

やぶきたは、静岡市の篤農家、杉山彦三郎氏によって在来実生の中から選抜されました。静岡市谷田地区の竹藪を開墾して播種したチャの中から、明治四十一年（一九〇八年）に二本の木を選抜し、やぶの北側のものを「やぶきた」、南側のものを「やぶみなみ」と名付けたのです。これが、後に日本の茶の代名詞となる「やぶきた」の原木でした。

しかし、多様な在来茶の栽培が一般的な当時の人々にとって、杉山彦三郎の品種選抜の努力はまっ

県立静岡美術館近くにある津嶋神社の「やぶきた茶発祥の地」碑

たく理解できないものでした。彦三郎は変人扱いされて、辛く当たられることも多かったのです。

彦三郎の功績が認められ、「やぶきた」が品種登録されたのは、彼の死後十二年が経った昭和二十八年（一九五三年）のことでした。そして、昭和三十年（一九五五年）に静岡県の奨励品種に指定されたことをきっかけにして、全国に広がっていったのです。

現在、やぶきたの原木は静岡市駿河区谷田の静岡県立美術館の北側に移植され、有度やぶきたの会の方々によって保存が続けられています。また、県立美術館に続くプロムナードでは、杉山彦三郎が選抜した十三品種の茶の原木が今も保存されています。

やぶきたは、「日本茶の王様」といわれますが、けっして恵まれたエリート品種ではありません。やぶきたこそが、静岡県が誇る「在来作物の王様」なのです。

おおむね／チャ（静岡市葵区）

偉大なるナンバー1の陰には、必ず秘めたるナンバー2の悲運の物語があります。

「おおむね」は大正時代の初期に、見出された品種です。清沢村相俣（現在の静岡市葵区清沢）に住む大棟藤吉氏は、自宅の実験茶園の中で一番良い茶の木の苗を杉山彦三郎のもとに持ち込みました。彦三郎は、かの「やぶきた」の生みの親として知られる人物です。

「やぶきた」は、当時はすでに発見されていましたが、まだ名前もなく試験栽培中でした。そして、彦三郎によって「やぶきた」と「おおむね」は共に栽培されたのです。「おおむね」の名は、後に発見者の大棟藤吉氏にちなんで名づけられました。

「おおむね」は非常に優れた形質が評価されていて、昭和十二年（一九三七年）には静岡県の奨励品種に指定されました。しかし、残念ながら「おおむね」は「やぶきた」に良く似ていました。見ただけではなかなか区別がつかないほどだったといいます。そして、昭和三十年代になって「やぶきた」が広く普及する陰で、「おおむね」の名は、次第に忘れられていったのです。

こうして、「おおむね」は世の中から消え去ってしまったかに思えました。

ところが、静岡市葵区の農家では「おおむね」の栽培が続けられていました。大正時代に杉山彦三郎に教えを乞うた農家たちが、「やぶきた」や「おおむね」の苗木を分けてもらっていたのです。現在でも、わずかながら「おおむね」は栽培が続けられています。

遠州藺《い》／シチトウイ（浜松市北区細江町）

浜松市北区細江町にある細江神社には、地震除けのご本尊が祀られています。

このご本尊はもともと浜名湖口の新居町に祀られていましたが、室町時代、明応七年（一四九〇年）の大地震で津波が起こり、神殿は壊されてしまいました。浜名湖はそれまで淡水湖でしたが、この地震で現在のように海とつながって汽水湖となりました。こうして海とつながってできた開口部が弁天島が浮かぶ今切口です。

ご本尊は、大津波にかかわらず、細江町気賀に流れ着きました。そして、そこで祀られることになったのです。ところがその十二年後、再び大きな津波が浜名湖の奥にあった細江の町を襲い、本尊が祀られていた建物を押し流しました。しかし、本尊は内陸にあった赤池に流れ着いて無事だったのです。二度の大地震と大津波にも無事だったこのご本尊は地震除け・津波除けのご利益があるとされています。この細江神社の境内の中に「藺草神社」と呼ばれる社があります。

時代は下って江戸時代の宝永四年（一七〇七年）、大地震が起こり、押し寄せた高潮で浜名湖沿岸の田んぼは塩水に浸かってしまいました。そして、イネは壊滅的な被害を受けたのです。

時の領主、近藤縫殿助用随が、「塩に強い植物」として豊後の国（現在の大分県）の松平市正から譲り受けたのが、琉球藺という藺草でした。こうして細江地区は、琉球藺の一大産地となったのです。

そして、浜名湖沿岸で栽培される琉球藺が、遠州藺と呼ばれ、遠州藺の畳は「遠州表」と呼ばれて各地に出荷されたのです。

この藺草神社は、領民を救った近藤縫殿助用隨の徳を称えて建立されたと伝えられています。

琉球藺は、植物名をシチトウイ（七島藺）と言います。一般に畳表の原料となるイグサは、イグサ科の植物です。一方、シチトウイはカヤツリグサの植物です。カヤツリグサ科の植物は茎の断面が三角形になるため、シチトウイは「三角藺」と呼ばれることもあります。

シチトウイはとても頑丈なので、かつては柔道用の畳にはシチトウイが利用されていました。

遠州藺の歴史を今に伝える藺草神社

やがて永正十六年（一五一九年）には、高栖寺の住職が境内にイグサを植えて、村人にイグサの栽培を奨励しました。そして、浜名湖周辺ではシチトウイとイグサの栽培が行われたのです。浜名湖沿岸は昭和二十年代までは、畳表産業が栄えましたが、やがてイグサもシチトウイも栽培されなくなってしまいました。遠州藺と呼ばれたシチトウイは二〇一〇年頃までは農家による栽培が行われていましたが、今では、藺草神社の前にひっそりと植えられているだけです。

遠州にシチトウイを伝えた豊後の国では、現在もシチトウイが栽培されています。しかし、大分県では品種改良が進んでおり、大分のシチトウイと遠州のシチトウイとは異なる系統であると考えられます。

横須賀しろ／サトウキビ（掛川市横須賀）

掛川市横須賀地区は「さしすせそ」が揃う街として知られています。料理の「さしすせそ」とは「さ」が砂糖、「し」が塩、「す」が酢、「せ」が醤油（せうゆ）、「そ」が味噌です。掛川市横須賀地区は、このすべての調味料の生産が行われているのです。

横須賀地区は、砂糖の原料となるサトウキビの栽培が行われています。サトウキビは熱帯や亜熱帯で栽培される作物です。じつは、横須賀地区は、商業的な栽培の世界の最北限です。

横須賀地区のサトウキビの栽培は、江戸時代にさかのぼります。

十一代将軍徳川家斉の時代、寛政二年（一七九〇年）のことです。横須賀藩の家老の息子である潮田信助が、サトウキビの栽培方法と製糖方法を学ぶため、身分を隠して百姓の姿に扮装して土佐の国（現在の高知県）に侵入し、横須賀藩にサトウキビの苗と技術を持ち帰ったのです。こうして江戸時代の横須賀は砂糖の産地となり、生産された砂糖は「横須賀白」の名で江戸や大阪に運ばれたとされています。

砂糖の生産は昭和三十年頃まで行われていましたが、やがて栽培は行われなくなり、農家の庭先に残っていたり、風よけ用に畑のまわりに植えられる程度になってしまいました。

しかし、平成元年になって地元商工会を中心に、サトウキビの栽培が復活し、現在は「よこすかしろ保存会」の方々によって、「横須賀白」が生産されています。現在、栽培されている品種は昔のも

とうもんの里で栽培されている昔ながらのサトウキビ

のではありませんが、時間を掛けて煮詰める昔のままの製法で作られる砂糖は「横須賀白」というものの、黒っぽい色が特徴です。また、ミネラルなどの栄養分が豊富で甘味にコクがあります。

砂糖が豊富に手に入った横須賀地区では、現在でも料理の味付けがとても甘いそうです。

久能《くのう》の砂糖きび／サトウキビ（静岡市駿河区・清水区）

静岡の名物「安倍川餅」は、江戸時代から東海道の名物として知られていました。152ページで紹介したように、安倍川餅はもともときなこ餅のことです。ところが、江戸時代には安倍川餅は、街道一甘いお菓子として知られていました。江戸時代の中期になると、安倍川餅には、当時は高価だった砂糖がたっぷりとかけられていました。甘いものの少ない当時としては、本当に贅沢な旅先の名物でした。

安倍川餅は別名を「五文どりの名物の餅」といいます。一個五文もする高価な餅とされていたのです。

享保の改革を行った八代将軍徳川吉宗は、当時高価な輸入品だった白砂糖の国産化を目指して、サトウキビの栽培を奨励しました。そして、温暖な静岡市の沿岸部ではサトウキビが栽培されるようになったのです。

この豊富な砂糖を利用して、当時は珍しかった甘いお菓子が作られたのです。

また、江尻の宿（現在の静岡市清水区）の追分羊かんも、沿岸部のサトウキビから得られる砂糖を用いて作られました。

現在では、サトウキビ栽培は行われていませんが、石垣いちごで知られる久能海岸では、現在でも逸出したサトウキビが散見されます。また、風の強い久能海岸では、畑の風除けとしてサトウキビが植えられていることもあります。

明治時代になって日清戦争後に台湾が日本領になると、台湾から砂糖が供給されるようになり、静岡市でのサトウキビ栽培は行われなくなりましたが、戦後になって台湾からの砂糖の供給がなくなると、静岡市沿岸部では再び、サトウキビが栽培されました。

静岡大学の調査では、現在少なくとも十一地点でサトウキビの自生が確認されています。また一部では風除けや肥料にするために栽培されています。久能海岸のサトウキビは、江戸時代のものが残っているものと、戦後のサトウキビ生産のものが混在していると考えられていますが、まだ十分な整理はできていません。

伊豆の桜葉／オオシマザクラ（松崎町、南伊豆町）

伊豆半島の先端の松崎町と南伊豆町は、桜餅に使う桜の葉の産地です。そのシェアは全国の生産量の九割以上を占めます。

桜葉に使うサクラは、花見で愛でられるソメイヨシノではなく、オオシマザクラという種類です。ソメイヨシノは江戸時代に、このオオシマザクラとエドヒガンの交雑によって作出されました。オオシマザクラはもともと伊豆諸島に自生する桜です。しかし、炭の材料にするために古い時代に伊豆半島に持ち込まれました。伊豆諸島原産のオオシマザクラは、潮風の吹くような場所でないと栽培できません。そのため海から山がそそり立つ伊豆半島西岸の地形はオオシマザクラの栽培に適していたのです。

松崎町を観光すると、なまこ壁の蔵の町並みが有名です。なまこ壁は高価なので、普通の蔵は、下半分だけをなまこ壁にして、上半分は白壁にします。ところが、松崎町はかつては養蚕業で大いに栄え、財を成しました。そのため、蔵全体がなまこ壁の贅沢な蔵が建ち並んだのです。

しかし、養蚕が廃れると、一面の桑畑のクワが不用になりました。また、オオシマザクラで作った炭もまた、時代遅れなものとなっていました。そこで、桑畑にオオシマザクラを植えて、桜葉の畑としたのです。

桜葉は、オオシマザクラの切り株から伸びた枝の葉を摘んでいきます。この木の仕立て方は、桑の

大きな樽に丸く並べて漬け込まれる桜葉

桑と同じ方法で仕立てられる桜葉の栽培

葉を摘むための桑の木の仕立て方とまったく同じです。
この葉を摘んで、大きな三十石樽に漬けこんで桜葉の塩漬けを作っていきます。五月から八月にかけて、松崎の町には収穫した桜葉のにおいが立ち込めます。この香りは、環境省のかおり風景百選にも選ばれた風物詩です。

静岡県内の在来作物

Ⅰ　江戸時代以前からその地域で栽培されて、継承されていると推察されるもの

Ⅱ　明治以降に導入されて、継承されているもの。あるいは明治期、大正期、昭和初期の古い品種

Ⅲ　戦後に導入されて、世代を超えて継承されているもの

Ⅳ　栽培が途絶えてしまったが、復元が試みられているもの

Ⅴ　在来品種であるが、近代品種と同じように地域を越えて広く栽培されているもの

Ⅵ　固定種の種取り等による新たな地方品種作出の取り組み

？　不明・未調査

	作物名	区分	名前	発祥・栽培地	頁
根菜	カシュウイモ	Ⅰ	せんぼ芋	川根本町	42
	カブ	Ⅰ	かきんの蕪	静岡市葵区	60
		Ⅰ	小河内の蕪	静岡市葵区	
	クワイ	Ⅰ	麻機白くわい	静岡市葵区	55
		Ⅰ	麻機青くわい	静岡市葵区	
	コンニャク	Ⅰ	富士宮在来	富士宮市	
		Ⅰ	井川在来	静岡市葵区	
		Ⅰ	大代の地こんにゃく	静岡市葵区	39
		Ⅰ	水見色のこんにゃく	静岡市葵区	
		Ⅰ	高草山こんにゃく	焼津市	
		Ⅰ	瀬戸谷在来	藤枝市	
		Ⅰ	水窪の地こんにゃく	浜松市天竜区水窪	
	サツマイモ	Ⅰ～Ⅱ	在来（黄色系）	御前崎市・掛川市	19
		Ⅰ～Ⅱ	遠州の人参芋（在来系）	御前崎市・掛川市	22
		Ⅱ	遠州の人参芋（兼六系）	御前崎市・掛川市	22
	サトイモ	Ⅰ	わせいも	県内各地	23

	作物名	区分	名前	発祥・栽培地	頁
根菜	サトイモ	Ⅰ	あかめ	県内各地	23
		Ⅰ	やつがしら	県内各地	23
		Ⅰ	黒がら	静岡市葵区	
		Ⅰ	青がら	静岡市葵区	
		Ⅰ	赤がら	静岡市葵区	
		Ⅰ	黒芽	静岡市葵区	
		？	赤芽	静岡市葵区	
		Ⅰ	縞芋	静岡市葵区	
		Ⅰ	梅ケ島白がら・小芋	静岡市葵区	
		Ⅰ	梅ケ島青がら	静岡市葵区	
		Ⅰ	女芋（しゅうとり芋）	静岡市葵区	25
		Ⅰ	大中寺芋	沼津市	25
		Ⅰ	三右衛門芋	焼津市	27
		Ⅰ	大富芋	焼津市	30
		Ⅰ～Ⅱ	中新田の唐の芋	焼津市	
		Ⅰ	犬間の八つ頭	島田市	31
		Ⅰ	赤がら丸子早生	掛川市他	
		Ⅰ	白がら早生	掛川市他	
		Ⅰ	赤柄里芋	県西部地域	
		Ⅱ	磐田の海老芋（青がら）	磐田市	34
		Ⅱ	磐田の海老芋（赤がら）	磐田市	34
	ジネンジョ	Ⅴ	農試60号（掛川市馬平在来）	県内各地	40
		Ⅲ	倉真在来	掛川市	
		Ⅲ	本山在来	静岡市	
		？	ためいも	島田市	
	ジャガイモ	Ⅰ	井川おらんど（白芋1）	静岡市葵区	8
		Ⅰ	井川おらんど（白芋2）	静岡市葵区	8
		Ⅰ	井川おらんど（白芋3）	静岡市葵区	8
		Ⅰ	井川おらんど（赤芋）	静岡市葵区	8
		Ⅰ	井川おらんど（紫芋）	静岡市葵区	8
		Ⅱ	井川おらんど（紅丸）	静岡市葵区	8

	作物名	区分	名前	発祥・栽培地	頁
根菜	ジャガイモ	Ⅰ	梅ケ島地芋	静岡市葵区	18
		Ⅰ	玉川じゃがたら（白）	静岡市葵区	18
		Ⅰ	玉川じゃがたら（赤）	静岡市葵区	18
		Ⅱ	玉川じゃがたら（井川由来）	静岡市葵区	18
		Ⅰ	大間在来	静岡市葵区	18
		Ⅰ	水窪じゃがた・赤じゃがた・赤芽	浜松市天竜区水窪	12
		Ⅰ	水窪じゃがた・白芽	浜松市天竜区水窪	12
		Ⅰ	水窪じゃがた・紫芽	浜松市天竜区水窪	12
		Ⅰ	早生じゃがた	浜松市天竜区水窪	12
		Ⅰ	豚じゃがた	浜松市天竜区水窪	12
		Ⅰ	佐久間じゃがた・赤芽	浜松市天竜区佐久間	
		Ⅰ	佐久間じゃがた・白芽	浜松市天竜区佐久間	
		Ⅰ	佐久間じゃがた・紫芽	浜松市天竜区佐久間	
	ショウガ	?	南伊豆の小生姜	南伊豆町	
		Ⅰ～Ⅱ	大井川生姜	焼津市	106
		Ⅰ	尾呂窪在来	川根本町	
	ダイコン	Ⅱ	たくあん大根	三島市	63
		Ⅵ	川崎家のたくあん大根	三島市	
		Ⅱ	本郷大蔵大根	藤枝市	61
	ニンジン	Ⅳ	三島長人参	三島市	66
		Ⅳ	村山人参	富士宮市	64
	ニンニク	Ⅰ	井川大蒜	静岡市葵区	44
		Ⅰ	梅ケ島蒜（白系）	静岡市葵区	
		Ⅰ	梅ケ島蒜（赤系）	静岡市葵区	
		Ⅰ	玉川にんにく	静岡市葵区	
		Ⅰ	大間在来	静岡市葵区	
		Ⅰ	滝沢にんにく	藤枝市	46
		Ⅰ	大久保在来	藤枝市	
		Ⅰ	犬間在来	島田市	
		Ⅰ	尾呂窪在来	川根本町	
		?	地名の蒜	川根本町	

	作物名	区分	名前	発祥・栽培地	頁
根菜	ニンニク	Ⅰ	水窪蒜	浜松市天竜区水窪	49
		Ⅰ	浜松にんにく（遠州極早生）	浜松市	48
		Ⅰ	水窪のびる	浜松市天竜区水窪	
	ラッキョウ	Ⅰ	富士宮在来	富士宮市	
		Ⅰ	井川在来	静岡市葵区	
		Ⅰ	梅ケ島在来	静岡市葵区	
		Ⅰ	やまからっきょう	静岡市葵区	51
		Ⅰ	大久保らっきょう	藤枝市	
		Ⅰ	川根在来	川根本町	
		Ⅰ	水窪在来	浜松市天竜区水窪	
	レンコン	Ⅰ	麻機長れんこん	静岡市葵区	52
	ワサビ	Ⅰ	青系わさび	伊豆市	
		Ⅰ	青系わさび	御殿場市	
		Ⅰ	青系わさび	静岡市葵区	
		Ⅰ	水窪在来	浜松市天竜区水窪	
葉菜	アブラナ	Ⅱ	須津のあぶら菜	富士市	90
	オオシマザクラ	Ⅲ	桜葉	松崎町・南伊豆町	199
	カキナ	Ⅰ	上坂本のかき菜	静岡市葵区	92
	カブナ	Ⅱ, Ⅴ	阿多野のとう菜（水掛け菜）	小山町・御殿場市	88
		Ⅰ	井川のま菜	静岡市葵区	
	カラシナ	Ⅰ～Ⅱ	韮山菜	伊豆の国市韮山	
		Ⅰ	梅ケ島大野菜	静岡市葵区	85
		Ⅰ	ふゆ菜（小河内系統）	静岡市葵区	
		Ⅰ	ふゆ菜（田代系統）	静岡市葵区	
		Ⅰ	ふゆ菜（井川本村系統）	静岡市葵区	
		Ⅰ	ふゆ菜（上坂本系統）	静岡市葵区	
		Ⅰ	玉川菜っ葉	静岡市葵区	
		Ⅰ	小河内の地かぶ	静岡市葵区	59
		Ⅰ	田代の地かぶ	静岡市葵区	59
		Ⅰ	中山の地かぶ	静岡市葵区	59
		Ⅰ	昔菜っ葉	浜松市天竜区水窪	87

	作物名	区分	名前	発祥・栽培地	頁
葉菜	カラシナ	Ⅰ	むかし菜っ葉（ちじれ葉）	浜松市天竜区水窪	
	タマネギ	Ⅱ	篠原の白玉ネギ	浜松市	101
	ニラ	Ⅰ	柚野にら	富士宮市	93
		Ⅰ	井川にら	静岡市葵区	93
		Ⅰ	玉川にら	静岡市葵区	93
		Ⅰ	滝沢にら	藤枝市滝沢	93
		Ⅰ	牧之原在来	牧之原市	93
	ネギ	?	南伊豆在来	南伊豆町	
		Ⅱ	富士岡の地ねぎ	富士市富士岡	
		Ⅰ	井川地ねぎ	静岡市葵区	
		Ⅰ	小河内の小ねぎ	静岡市葵区	
		Ⅰ	二段ねぎ	静岡市葵区	97
		Ⅰ	大代の地ねぎ	静岡市葵区	
		Ⅰ	玉川の地ねぎ	静岡市葵区	
		Ⅲ	中島ねぎ	静岡市駿河区	95
		Ⅰ〜Ⅱ	中新田の地ねぎ	焼津市中新田	99
		Ⅰ〜Ⅱ	与惣次ねぎ	焼津市与惣次	98
	ワケギ	Ⅰ〜Ⅱ	大富のわけぎ	焼津市大富	
	ミョウガ	?	南伊豆在来	南伊豆町	
		Ⅰ	井川みょうが	静岡市葵区	104
		Ⅰ	滝ノ谷みょうが	藤枝市瀬戸ノ谷	102
	シソ	Ⅰ	大久保の紫蘇	藤枝市大久保	
		Ⅰ	遠州の裏赤紫蘇	浜松市天竜区水窪	
	パセリ	Ⅲ	庄内パセリ	浜松市	
果菜	カボチャ	Ⅳ	見附かぼちゃ	磐田市見付	71
	キュウリ	Ⅰ	井川地這い胡瓜（黄色）	静岡市葵区	73
		Ⅰ	井川地這い胡瓜（緑に黄縞）	静岡市葵区	73
		Ⅰ	井川地這い胡瓜（緑色）	静岡市葵区	73
		Ⅰ	井川地這い胡瓜（緑色）	静岡市葵区	73
		Ⅰ	むかしきゅうり	浜松市天竜区水窪	75
	トウガラシ	Ⅰ	白糸唐辛子	富士宮市狩宿	81

	作物名	区分	名前	発祥・栽培地	頁
果菜	トウガラシ	Ⅰ	柚野在来（1）	富士宮市芝川柚野	
		Ⅰ	柚野在来（2）	富士宮市芝川柚野	
		Ⅰ	井川在来	静岡市葵区	
		Ⅰ	梅ケ島在来	静岡市葵区	
		Ⅰ	水窪南蛮1（小粒で辛い）	浜松市天竜区水窪	83
		Ⅰ	水窪南蛮2（辛くない、伏見に似る）	浜松市天竜区水窪	83
		Ⅰ	水窪南蛮3（辛い、ドジョウ南蛮に似る）	浜松市天竜区水窪	83
	ナス	Ⅳ	折戸なす	静岡市清水区折戸	67
		Ⅰ	井川なす	静岡市葵区	69
	マクワウリ	Ⅰ	焼津の白瓜	焼津市浜当目	76
		Ⅰ	水窪の瓜	浜松市天竜区水窪	
		?	梨瓜	磐田市	
	メロン	Ⅱ	アールス・フェボリット	袋井市・磐田市・浜松市他	78
豆類	アズキ	Ⅰ	井川在来	静岡市葵区	
		Ⅰ	井川の緑小豆	静岡市葵区	160
		Ⅰ	井川の白小豆	静岡市葵区	
		Ⅰ	梅ケ島在来	静岡市葵区	
		Ⅰ	玉川在来	静岡市葵区	
		Ⅰ	ちょんちょん豆	掛川市	
		Ⅰ	水窪のとうごろ小豆	浜松市天竜区水窪	159
	インゲン	Ⅰ	いんげん（井川在来）	静岡市葵区	
		Ⅰ	うずら豆	静岡市葵区	
		Ⅰ	たまごささぎ	静岡市葵区	
		Ⅰ	井川豆	静岡市葵区	156
		Ⅰ	白豆	静岡市葵区	
		Ⅰ	すじなし豆	静岡市葵区	157
		Ⅰ	ちゅうて（うずら豆）	静岡市葵区	
		Ⅰ	金とん豆	静岡市葵区	
		Ⅰ	たまごささぎ	静岡市葵区	
		Ⅰ	うりっこなりっこ	静岡市葵区	
	インゲン（さやいんげん）	Ⅰ	二度なり豆	静岡市葵区	

	作物名	区分	名前	発祥・栽培地	頁
豆類	エンドウ（さやえんどう）	I	玉川のさやえんどう	静岡市葵区	
		II	きぬさや（1）	南伊豆町	162
		II	きぬさや（2）	南伊豆町	
		II	伊豆赤花絹さや	伊豆各地	
	エンドウ（実えんどう）	I	みどりえんどう	静岡市葵区	
	ササゲ	I	ささぎ	静岡市葵区	
		I	ささげ	浜松市天竜区水窪	
	ソラマメ	?	南伊豆在来	南伊豆町	
		?	掛川在来	掛川市	
	ダイズ	?	南伊豆在来	南伊豆町	
		I～II	あおはだ	御殿場市	151
		VI	きみどり	御殿場市	
		I	井川在来	静岡市葵区	
		I	玉川青大豆	静岡市葵区	
		I	玉川白大豆	静岡市葵区	
		I	柿島在来	静岡市葵区	
		I	両国在来	川根本町	
		I	尾呂窪在来	川根本町	
		I～II	篠場在来	掛川市	
		I～II	笠原在来	袋井市	
	ラッカセイ	I	水窪在来	浜松市天竜区水窪	154
		I～II	裾野三つぼ	裾野市由来・御殿場市で栽培	
		I	赤石豆（紫系統）	静岡市葵区	161
		I	赤石豆（赤系統）	静岡市葵区	161
穀類	アワ	I	長者の粟（猿手形）	南伊豆町	112
		I	ねこあし	静岡市葵区	116
		I	白もち（米もどし、爺喜ばせの婆泣かせ）	静岡市葵区	116
		I	甲州あわ	静岡市葵区	116
		I	さかあわ	静岡市葵区	116
		I	水窪在来	浜松市天竜区水窪	
	キビ	I	だらっきび（黄）	静岡市葵区	

	作物名	区分	名前	発祥・栽培地	頁
穀類	キビ	I	だらっきび（白）	静岡市葵区	
		I	小きび	浜松市天竜区水窪	
	コムギ	I	閑蔵在来	静岡市葵区	
		I	水窪在来	浜松市天竜区水窪	
	コメ	IV	愛国	南伊豆町	124
		IV	関取米	静岡市葵区	123
	コメ（もち米）	II	金太糯	静岡市清水区発祥・静岡市葵区で栽培	122
		II	志太糯	焼津市	120
	シコクビエ	I	弘法きび	静岡市葵区	117
		IV	からんべえ・弘法びえ	静岡市葵区	118
		I	水窪在来	浜松市天竜区水窪	
	ソバ	I	南伊豆在来	南伊豆町	
		I	芝川在来	富士宮市芝川	146
		I	清水在来（興津川系統）	静岡市清水区	
		I	玉川俵蕎麦（安部川・藁科川系統）	静岡市葵区	140
		I	奥千俣の蕎麦	静岡市葵区	
		I	大川百年蕎麦（安倍川・藁科川系統）	静岡市葵区	141
		I	大間在来	静岡市葵区	
		IV	駿河在来蕎麦（杉尾在来）（安倍川・藁科川系統）	静岡市葵区	141
		I	井川在来	静岡市葵区	137
		I	瀬戸谷在来（蔵田由来）	藤枝市	
		I	瀬戸谷在来（川根由来）	藤枝市	
		VI	川根在来	川根本町	
		IV	北条峠の蕎麦	浜松市天竜区佐久間	
		I	佐久間在来	浜松市天竜区佐久間	
		VI	静岡在来（佐久間在来）	掛川市	
		I～II	掛川在来	掛川市	
		I	水窪在来	浜松市天竜区水窪	143

	作物名	区分	名前	発祥・栽培地	頁
穀類	トウモロコシ	Ⅱ？	板妻もろこし（8列）	御殿場市	126
		Ⅱ？	板妻もろこし（12列）	御殿場市	128
		絶滅	宍原もろこし	静岡市清水区	
		Ⅰ	長妻田もろこし	静岡市葵区	129
		？	井川とうきび	静岡市葵区	
		Ⅳ	井川とうきび（黒もち）	静岡市葵区	
		Ⅰ	水窪赤きび	浜松市天竜区水窪	130
	ヒエ	Ⅰ	しょうがびえ	静岡市葵区	110
		Ⅰ	おとみびえ	静岡市葵区	
		Ⅰ	けっぺー（けびえ）	静岡市葵区	108
		Ⅰ	水窪在来	浜松市天竜区水窪	
	モロコシ	Ⅰ	ほもろこし	静岡市葵区	
	モロコシ（ホウキモロコシ）	Ⅰ	ほうきもろこし	静岡市葵区	
		Ⅰ	高きび	浜松市天竜区水窪	
工芸作物	チャ	Ⅰ	在来茶	県内各地	177
		Ⅴ	やぶきた	在来選抜品種	177
		Ⅲ	やぶきた実生	県内各地	
		Ⅴ	まきのはらわせ（島田在来）	在来選抜品種	
		Ⅴ	やえほ	在来選抜品種	
		Ⅴ	するがわせ	やぶきた実生	
		Ⅴ	くらさわ	やぶきた実生	
		Ⅴ	やまかい	やぶきた実生	
		Ⅴ	なつみどり	在来選抜品種	
		Ⅴ	やまかい	在来選抜品種	
	ゴマ	Ⅰ	南伊豆白ごま	南伊豆町	
		Ⅰ	南伊豆金ごま	南伊豆町	
		Ⅰ	玉川白ごま	静岡市	
		Ⅰ	本郷きんごま	藤枝市	
		Ⅰ	本郷しろごま	藤枝市	
	サトウキビ	Ⅰ、Ⅲ	久能のさとうきび	静岡市駿河区	197
		Ⅰ、Ⅲ	横須賀しろ	掛川市横須賀	195

	作物名	区分	名前	発祥・栽培地	頁
工芸作物	シチトウイ	Ⅰ	遠州い	浜松市北区細江町	193
果樹	ウメ	？	宮口小梅	浜松市浜北区	
	カキ	Ⅰ	四ッ溝柿	県東部地域	
		Ⅰ	沢田の四角い柿	沼津市	
		Ⅰ	べにがき	静岡市葵区	
		Ⅰ	うつぶさ	静岡市葵区	
		Ⅰ	あほさ	静岡市葵区	
		Ⅰ	はやちがき	静岡市葵区	
		Ⅰ	やぶちがき	静岡市葵区	
		Ⅰ	うつぶさ	静岡市葵区	
		Ⅰ	あまんど	静岡市葵区	
		Ⅰ	さいらく	島田市・藤枝市	170
		Ⅰ	ほうじん	藤枝市	
		Ⅰ	次郎柿	県西部地域	172
	コウジ	Ⅰ	玉川柑子	静岡市葵区	
	ダイダイ	Ⅰ	熱海のだいだい	熱海市	168
	タチバナ	Ⅵ	戸田香果橘	沼津市	169
	ネーブルオレンジ	Ⅱ	白柳ネーブル	浜松市北区細江町	
	ヒュウガナツ	Ⅲ	ニューサマーオレンジ	伊豆各地	
	ビワ	Ⅱ	倉沢の田中びわ	静岡市清水区由比	175
		Ⅱ	土肥の白びわ	伊豆市土肥	173
	マメガキ	Ⅰ	小柿	静岡市葵区	
	ミカン	Ⅴ	本みかん	静岡市	163
		Ⅴ	駿河柚香	静岡市	
		Ⅴ	無核紀州	静岡市	
		Ⅴ	青島温州	静岡市で作出	165
		Ⅴ	寿太郎温州	沼津市で作出	166

あとがき

「地域のオリジナリティとは何だろうか?」「地域らしさはどこにあるのだろうか?」

あらゆるものが標準化された現代社会では、地域の個性を見出すことは簡単ではありません。ところが、地域の歴史や風土に育まれた在来作物は、「地域らしさ」にあふれています。

隣り合った地域の在来作物にも、それぞれ個性があります。それぞれの物語があります。そこには、どちらが優れていて、どちらが劣っているということはありません。個性あふれた在来作物は単純な物差しで比較をすることはできません。そこにあるのは地域ごとの競争ではなく、地域どうしの共存なのです。

「みんなちがって、みんないい」。思い出すのは金子みすずの詩の一節です。

二百種以上もの在来作物が見つかった今でも、新たな在来作物が見つかれば、とてもワクワクします。その驚きと感動は、初めて静岡県の在来作物を食べたときと、何一つ変わっていません。多様であればあるほど、魅力が増す、在来作物というのは、本当に不思議な存在です。

藤枝市瀬戸谷地区で在来作物の保全に取り組む小林浩樹さんは、「在来」を「在り来たりなもの」と表現しました。地域の人たちが当たり前のように栽培していたり、古くて価値がないものと思われていた在来作物が、今、価値ある存在として注目されています。「地域の宝物は遠くにあるのではなく、足元にある」。在来作物は、そんなことを教えてくれるような気がします。

現在、私たちが確認した在来作物は、そんな宝物のほんの一部です。まだまだ、私たちの足元には、たくさんの宝物が眠っているはずです。

さあ、あなたもふるさとの宝物を探してみませんか？　在来作物はあなたの畑の片すみで、ひっそりとその時を待っているかも知れません。

わずかに栽培されるのみで、失われつつある在来作物の調査に踏み込むことは私にとってはとても勇気のいることでした。多大な労力を必要とすることが想像できたからです。在来作物の調査に躊躇する私に「それは大切なことだよ。ぜひ、やろう」と背中をぐっと押してくれたのは、㈱ウェブサクセス代表の加藤章浩さんでした。加藤さんが、闘病の末に若くして永逝したのは、このわずか半年後のことです。加藤さんの力強い言葉がなければ、本書が上梓されることはなかったでしょう。謹んで本書を加藤さんの御霊に捧げたいと思います。

在来作物の調査にあたっては、静岡在来蕎麦ブランド化協議会、静岡県在来作物研究会、天空の回廊、巡る種の物語、食育サークルつる屋、静岡大学農学部藤枝フィールドの各団体の協力を得ました。また、本書を作成するに当たり、静岡新聞社の佐野真弓さんにご尽力いただきました。記して謝意を表します。

プロジェクトZ・在来の味を愉しむ会　代表　稲垣栄洋

編著:プロジェクトZ・在来の味を愉しむ会
ふるさと静岡の風土と歴史の中で守り続けられてきた幻の在来作物や、伝承技術、伝統料理をテーマに、季節ごとに静岡県内各地の農山村や飲食店を訪ねて、「在来の味」を楽しむ活動を行っている。プロジェクトZの"Z"は在来作物の頭文字と、最後にして最高の食材を意味している。現在、会員数160名。
ホームページ:http://projectz.jp

(代表執筆者)
稲垣栄洋(静岡大学大学院農学研究科　教授)
(コアメンバー)
(故)加藤章浩(㈱ウェブサクセス元代表)
田形治(静岡在来そばブランド化推進協議会幹事長・手打ち蕎麦たがた店主)
多々良典秀(静岡市文化財課)
鈴木俊夫(㈱静岡放送報道局専門職局次長・解説委員)
鈴木公威(前静岡県西部農林事務所天竜農林局主査・現静岡県病害虫防除所上席研究員)
原田さやか((株)玉川きこり社)
繁田浩嗣((株)玉川きこり社)
清水玲子(野菜ソムリエ・食育サークルつる屋代表)
遠山由美(シニア野菜ソムリエ)
大石正則(グルメ評論家)
(写真提供)
稲垣栄洋・磐田市・久保田博音・小林浩樹・酒匠蔵しばさき・静岡県立富岳館高校・静岡市文化財課・鈴木公威・田形治・松崎町・望月仁美(50音順)

しずおかの在来作物

2014年10月15日　初版発行

著　者　稲垣栄洋
発行者　大石　剛
発行所　静岡新聞社
〒422-8033　静岡市駿河区登呂3-1-1
電話　054-284-1666

印刷・製本　図書印刷
●乱丁・落丁本はお取り替えいたします。●定価は裏表紙に表示してあります。

ISBN978-4-7838-0772-8 C0045